"十二五"国家重点图书出版规划项目

现代声学科学与技术丛书

磁声成像技术

下册：电磁检测式磁声成像

刘国强　著

科学出版社

北　京

内 容 简 介

磁声探测与成像技术是近些年研究的热门课题，涉及电场、磁场和声场的耦合。作为一种多场探测技术，兼具电磁场和声场的优势，在石油矿产资源、环境、海洋、国防、考古、无损探伤、临床医学、食品安全检测等领域具有广泛的应用空间。

本书（下册）针对目前磁声成像中重要分支——电磁检测式磁声成像，重点介绍中国科学院电工研究所工程电磁场及应用研究部的相关研究工作。共分为四篇内容，分别为电磁检测式磁声成像概论、电压检测式磁声成像研究、磁探测式磁声成像研究以及磁声成像技术的再认识。

本书适合电气工程、电子工程、生物医学工程、地球物理电磁测井、工业无损检测等领域的科研人员以及从事医学物理学、医学影像学的医学研究人员阅读参考，也可作为上述专业的硕士生与博士生的参考资料。

图书在版编目(CIP)数据

磁声成像技术．下册，电磁检测式磁声成像/刘国强著．—北京：科学出版社，2016.3

（现代声学科学与技术丛书）

ISBN 978-7-03-047656-2

Ⅰ.①磁…　Ⅱ.①刘…　Ⅲ.①磁声波-声成像　Ⅳ.①O426.2

中国版本图书馆 CIP 数据核字（2016）第 048908 号

责任编辑：刘凤娟/责任校对：蒋　萍

责任印制：赵　博/封面设计：陈　敬

科学出版社出版

北京东黄城根北街 16 号

邮政编码：100717

http://www.sciencep.com

北京凌奇印刷有限责任公司印刷

科学出版社发行　各地新华书店经销

*

2016 年 3 月第　一　版　开本：720×1000　B5

2024 年 4 月第五次印刷　印张：11 1/2　插页：4

字数：220 000

定价：79.00 元

（如有印装质量问题，我社负责调换）

前　言

电磁探测技术和超声探测技术，是探测技术中的两个重要分支。前者通过外加电磁场（涵盖直流、超低频、高频乃至太赫兹电磁波的不同频段）激励探测目标，检测激励信号经过探测目标的电磁响应信息，获得探测目标的电磁特性参数；后者通过外加超声波激励探测目标，采集到激励信息经过探测目标的声学响应信息，获得探测目标的声学特性参数。

不同物理场相对不同目标体的敏感度不同，电磁场对含流体的目标体敏感，但分辨率不高；超声分辨率高，但空间对比度差。显然，单一物理场探测都有其局限性。利用多物理场耦合效应的探测与成像方法，能够取长补短，兼具不同物理场的优势，越来越引起人们的广泛关注。此外，传感器技术、阵列式测量技术、信息处理技术的迅速发展，带动了微弱信号检测技术的发展，现在计算机硬件的发展也使多场耦合分析、逆问题的快速求解成为可能，由此引发了多物理场探测技术的快速发展。

本书涉及的电磁检测式磁声成像技术是一种多物理场耦合探测技术，它融合了电磁技术、超声技术的优势，兼具无创、对比度好、灵敏度高以及空间分辨率高等优点。在医学成像领域、石油资源探测领域、电力检测领域具有潜在的应用价值。

本书的研究内容是在国家自然科学基金“基于洛伦兹力的生物磁声电导率成像基础研究（51137004)”“基于声辐射力-洛伦兹力的超声-磁电双模成像方法与仪器研制（61427806)” “基于声速编码的时间递进式磁声电成像新方法研究(61002036)”“基于磁声电耦合的过金属套管电阻率成像测井新方法研究(51277169)”“基于磁-声-电效应的电阻率过程层析成像新方法（61401514)”的资助下完成的。

本书融入了作者近十余年的科研成果。在这些研究工作中，感谢我的同事夏正武助理研究员在磁声成像电工学认识上的深入讨论，感谢我的同事夏慧副研究员、李艳红助理研究员，我的硕士研究生曾小平，博士研究生郭亮、杨延菊在实验平台和实验方面的工作，还要感谢郭亮、曾小平和王霜在互易场积分方程建立、多物理场正逆问题分析及数值模拟方面的研究工作。感谢工程电磁场及其应用研究部的所有同事，感谢我的博士生吕敬祥、孙直申、孙文秀和李元园在多物理场探测与成像领域持续不断的探索。感谢李元园在书稿的文字处理与图片加工上付出的努力。

限于作者水平，书中疏漏之处在所难免，恳请读者给予批评指正。

作　者
2015年12月
于北京中关村

目　　录

第四篇　电磁检测式磁声成像概论

第 12 章　绪　　论

电阻率作为物质内部固有的电学参数，能够反映物质内部原子、分子、晶体的内在特性，在各种电学参数探测领域中具有重要的应用价值。当前，电阻率探测与成像研究已经在生物医学（Brown，2001）、地球物理（Aulia et al.，2001）和工业检测（董峰等，2006）等许多领域取得了丰硕的研究成果。本书上册主要以医学领域为背景，下册则兼顾地球物理、油水两相流和生物医学领域。

在地球物理探测中，电阻率作为地层重要的物性参数，在矿产探查、油气测井、井间油藏模拟等领域发挥了重要的作用。地层中金属矿藏的电导率普遍高于普通岩层的电导率，基于电法或电磁法的电导率探测与成像系统能够准确反映金属矿藏在地层中所处的位置，是一种可靠、高效的矿产探测方法。在石油测井领域，由于原油和地层水电阻率差异较大，电阻率成像测井可以清楚地观测井孔周围地层，井间电磁成像有望精确探查油藏，为油田生产提供可靠的油藏信息。

在工业生产过程中，电阻率过程层析成像能够以非侵入的方式检测管道或容器中各相流体的相间分布，实现对流体流型的成像检测和流态识别，完成分相流量的计量。尤其是在一些高温、高压的危险工作环境中，工业过程的电阻率在线自动检测系统能够在无人参与的条件下保障工业生产的顺利进行。

在生物医学领域，细胞质或细胞间质内有电解液，细胞核与细胞膜通常是不导电的，细胞尺度上发生的微小病变在宏观上很容易表现出生物组织电阻抗的变化，这为许多疾病的检测提供了一种可行的检测方法。

在上述各种电阻率探测领域中，为了获取物质内部的电阻率信息，往往需要在完整的物体表面安装许多激励源和检测传感器，并依靠特定的反演重建算法，间接测量物体内部的电阻率分布。

12.1　电成像方法概述

12.1.1　地球物理电成像

早在 20 世纪 20 年代，在地球物理领域就出现了电阻率成像（electrical resistivity imaging）的设想（Gish et al.，1925），在 80 年代以美日等学者为主，完成了基础理论的研究。在观测技术上，1984 年由日本地质检测公司最早实现多道直流测量，3 年后日本在文献中改用英文“resistivity tomography”，即“电阻率层析成像”命名这种成像方法（Shima et al.，1987），随后发表了一系列相关论文（Shima et al.，1988；Shima，1989；Shima，1990）。同任何一种新技术的发展过程一样，早期命名非常混乱以至于英文命名达21种以上，对学术交流和文献检索极其不利。为了规范用词，在1992年和1995年于东京召开的国际地学成像会议上，各国代表一致同意对该技术采用统一严谨的专业词汇——电阻率层析成像（resistivity tomography）（冯锐等，2004）。电阻率层析成像具备生产成本低、工作效率高等优点而备受青睐。目前2维、2.5维电阻率层析成像在探测地下结构、寻找金属和非金属矿产、考古以及水文工程地质等方面已经得到了广泛的应用。

测井技术起源于1927年的法国，经历了从模拟测井到数字测井、数控测井、成像测井的发展历程。电成像测井是成像测井技术的重要分支，包括地层微电阻率扫描成像测井、阵列感应成像测井、方位电阻率成像测井。电阻率扫描成像测井仪器是在多个极板上分别安装若干个间距很小的纽扣电极，向井壁地层发射电流，地层电阻率的差异引起电流分布，据此生成井壁的电阻率图像，阵列电极对井眼周围地层的覆盖率几乎可以做到全井眼覆盖。电阻率扫描成像测井仪器主要用于确定地层倾角和方位，描述油气层的结构和特征，被地质学家称为“地下地层显微镜”。斯伦贝谢、哈里伯顿和阿特拉斯公司研制了FMI（fullbore formation micro image）、EMI（electrical macro imaging tool）和Star型井壁微电阻率成像仪。阵列感应测井采用单线圈多频率发射多线圈接收，测量了多个原始实分量和虚分量信号，利用软件聚焦的方式，获得不同探测深度和不同纵向分辨率的电阻率曲线，根据所获得的基础数据进行二维电阻率径向和侵入带剖面的成像。在20世纪80年代，BPB公司推出AIS阵列感应测井仪，斯伦贝谢等三大石油测井公司分别推出了新型阵列感应成像测井仪ATI、高分辨率阵列感应仪HRAI和高分辨率感应仪HDIL。在油气层中，阵列感应成像可以反映冲洗带、过渡带和原状地层油气饱和度的变化，清楚地显示层理、油气含量和侵入性质及其特征。方位电阻率成像测井（azimuthal resisitivity image，ARI）采用多个电极覆盖井周360度方位范围的地层，可以测量多个方位的电阻率。与地层微电阻率扫描成像相比，其纵向分辨率略低，但它具备径向探测深度大、不受井眼坍塌与不规则的影响，并且能与双侧向测井组合测井等优点（张守谦等，1997）。

井间电磁成像（crosswell electromagnetic tomography）是将低频（10Hz～20kHz）发射源置于发射井中，在一口或多口接收井中测量磁场的水平和垂直分量，通过反演得到井间电阻率分布的二维乃至三维图像，用于监测水驱、蒸汽驱及聚合物驱过程（曾文冲等，2001）。与电成像测井相比，它的横向探测范围更大，是地球物理技术的前沿。从90年代开始，美国加利福尼亚大学伯克利分校和美国劳伦斯-伯克利、劳伦斯-利物莫、桑迪亚等国家实验室的一批研究者，先后完成了 EMT 系统的基本理论、数值模拟和现场可行性研究（Alumbaugh et al.,1995；Wilt et al.，1995；Zhdanov et al.，1996；Wilt et al.，1999），并设计和制造出相应的实验仪器。目前重点围绕提高井间电磁成像仪器测量精度、消除金属套管影响、快速高精度电磁逆散射成像等难题展开研究。

12.1.2 油水两相流电学过程层析成像

多相流广泛存在于石油、化工、动力、核能、食品等工业领域。在石油、化工行业中，流体的流动特性往往比较复杂，具有多相混合流动的特点。根据混合物的组成成分不同，多相流又分为液固、气固、气液、液液及气液固等形态。油水两相流普遍存在于长距离的集输管线中，通常是经过液相、气相和固相分离后的液相流体，主要包括原油和地层水，属于液液多相流体，是油田生产、油气储运和化工行业中的主要检测对象，对油水两相流流型的辨识和准确计量是其中不可缺少的关键生产流程。

油水密度存在差异，水相如果长期沉积于管道底部容易导致腐蚀加剧，引发泄漏事故。2013 年发生的 11.22 青岛输油管线爆燃事故的原因之一就是管道的长期腐蚀、损坏引起的原油泄漏。如果缺乏对管线中油水两相流长期、有效地监管，将直接影响到油区的安全生产，对人民的生命财产安全造成威胁。因此油水两相流流型的可视化监测，对产量的计量、生产效率的评估、油田安全的生产和管理具有非常重大的现实意义。

与单相流相比，油水两相流具有更复杂的流动特性和随机特性，当流量较低时，由于流体能量较小，水平管中主要以分层流为主；当流量较大时，则主要以分散流为主；当流量介于两者之间时，既存在分层流，在分层交界面处也存在大量的分散流，油和水之间没有明确的分界面，形成了一系列油包水或者水包油的微小颗粒，使得准确计量和流型识别难度很大（许道振等，2011）。

工业过程层析成像以多相流为主要研究对象，对多相流中的过程参数进行实时检测。利用过程层析成像可以提供被测流体在管道某个截面的实时图像，用于识别与判断流型及确定相间界面；同时还能确定多相流体各相组分在容器或管道中的局部浓度分布，确定离散相的颗粒尺寸和运动轨迹等微观参数。

过程层析成像采用的检测手段主要有核子（包括 X 射线、γ 射线、中子射线、正电子、光子）、超声波、电学（电阻、电容、电磁感应）、光学、核磁共振等几类十余种方式。

超声过程层析成像和电学过程层析成像是相对研究最多的两种层析成像技术。超声层析成像以超声波为扫描源，利用被测介质对入射声波的吸收和散射效应，引起声波幅度、相位和传播方向的变化，在不同角度和方向扫描管道横截面，获得介质的声速或者密度分布图像。超声层析成像有反射式、衍射式及透射式等多种测量模式，空间分辨率与超声波波长相关，优于电学层析成像方法。但由于超声波本身物理特性的限制，油和水的密度和声速非常接近，不适用于超声波折射或反射检测，声程长导致消耗的检测时间多，实时性差，系统难以对高速多相流体进行准确的实时测量（Tarantola，1984）。在油水两相流中，水的电阻率在 1Ω·m 左右，而油滴混合物的电阻率在 50Ω·m 左右，二者电阻率相差非常大，电学过程层析成像具有很高的介质对比度。此外，与超声相比，电学层析成像实时性强，测量快速准确，设备结构简单，宜于工业现场应用。1985 年以来，曼彻斯特大学理工学院（UMIST）首先开展了两相管流二维层析成像方法研究，并于 1988 年研制成 8 电极电容层析成像系统（Beck et al.，1996），1990 年又改进为 12 电极成像系统。随后，电学过程层析成像技术得到了突飞猛进的发展。电学过程层析成像包括电阻层析成像、电容层析成像及电磁感应层析成像。其中，电阻层析成像技术（electrical resistance tomography，ERT）是一种基于电阻传感机理的层析成像技术，主要应用于多相流体中连续相为导电介质的可视化参数监测，具有无辐射、响应速度快、非侵入、低成本等优点。受限于检测电极的个数，ERT 的成像分辨率低，成像质量不理想，针对较小的油水颗粒很难进行区分，目前测量精度仅在 5%～10%（吴瑞芬，2007）。电容层析成像（electrical capacity tomography，ECT）的测量原理是根据多相流的不同组分具有不同介电常量的特征，利用在管道周围的电容传感器测量的电压信号重建介质的介电常量信息。其重建分辨率仍然受到检测极板个数的限制，并且当介质的电导率较高时，由于电导率的影响，电容层析成像的测量结果误差较大（李利品等，2012）。油田生产后期的产液主要以地层水为主，相对而言，属于高电导率介质，应用电容层析成像的效果较差。

12.1.3　生物医学电阻抗成像

研究表明，生物组织的结构、类型、温度、含水量，以及病理状态会导致电阻抗的明显变化（Gabriel et al.，1996；Gabriel et al.，1996a，1996b）。生理和病理变化改变组织细胞膜的通透性和细胞液的浓度，从而影响到电阻抗的特性。利用电阻抗成像检测方法不仅可以对生物组织器官的种类进行区分，还可以对生理、病理状态进行识别，并通过生物组织电学特性的改变早期发现生理、病理异常，为疾病早期诊断提供数据支持（董秀珍，2008；刘国强，2006）。

Gabriel 等给出了几种典型的正常人体组织和恶性肿瘤组织在不同频率下的电导率，其中肌肉或恶性肿瘤等高含水组织的电导率比脂肪或正常乳腺组织的电导率高大约一个数量级。Joines 等测量了 50MHz～0.90GHz 范围内大肠、肾、肝脏、肺、乳房和肌肉的电导率（Joines et al.，1994）。研究发现，对于同种类型的乳腺组织，恶性肿瘤组织的电导率在乳腺组织中是最大的（Stoy et al.，1982）。Chaudhary 在低于 3GHz 的频率范围内对比了 15 个患者正常与恶性乳腺肿瘤的电特性，结果发现恶性肿瘤的电导率是正常组织的 4.7 倍（Chaudhary et al.，1984）。其他研究结果表明：前列腺正常组织和肿瘤组织电导率的差别为 30%；大脑灰质正常组织和水肿组织电导率的差别则高达 50%（Gabriel et al.，1996a）。Chaudhary 等还测量了老鼠纤维肉瘤出现后 7 天、15 天与 30 天的电导率，发现恶性肿瘤的电导率都很高，但随着肿瘤的增长，电导率没有明显变化。当较大的肿瘤出现内部坏死时，电导率的变化在频率高于 0.5GHz 后变得很小（Chaudhary et al.，1984）。

国内外学者提出了各种各样的医学电磁成像技术。医学电阻抗成像技术（electrical impedance tomography，EIT）是根据人体不同器官、组织和健康状况具有不同的电阻抗的特点，通过给人体注入安全电流，测量体表的电位信息，重建人体内部电阻抗分布及变化的图像。自从 1978 年 Henderson 等提出电阻抗成像方法以来（Henderson et al.，1978），电阻抗成像技术渐渐发展成为医学成像中的一个新领域。与其他生物组织成像方法相比，电阻抗成像技术作为一种功能成像方法，有望实现疾病的早期诊断和预防，并且有助于疾病的康复指导和愈后评价。生物组织电阻抗成像与常规的核素和射线成像不同，它成本低，能够无创、重复性使用，具有长期医学图像监护的应用前景。

EIT 技术目前已报道的研究均限于理论和实验研究，还没有在真正意义上应用于临床。国内外大多数学者认为，利用 EIT 技术进行疾病早期诊断的主要问题是系统分辨率较低和逆问题的不适定性。实现系统的高精度、高分辨率成像及算法的快速收敛是目前电阻抗成像技术的主要研究热点（刘国强，2006）。

12.2　电磁检测式磁声成像概述

如上所述，在电阻率层析成像（ERT）、生物医学电阻抗成像（EIT）以及电阻率成像测井等领域，目标体内部电阻率的非侵入式检测与成像都是其最终目标。

在 EIT 和 ERT 等常规的电阻率成像方法中，虽然待测参数对比度较高，但是受到检测传感器数量的限制，空间分辨率较低，其发展与应用受到很大的制约。

与电阻率成像方法相比，超声成像方法空间分辨率较高，并随超声波长的变化而变化：波长越短，成像分辨率越高。对于油水两相流或生物组织，介质的声阻抗对比度不高，没有功能性成像的优点。由此可见，电阻率成像方法与超声成像方法具有很大的互补性。二者都属于单一物理场探测与成像方法，从目前的发展趋势看，在发展单物理场探测方法的同时，越来越多的研究者将关注的目光投入到多物理场探测研究中。利用多物理场耦合效应的探测与成像方法，能够取长补短，兼具不同物理场的优势。

磁声成像方法（magnetoacoustic tomography，MAT）就是一种融合了电磁技术、超声技术和成像技术的多场探测与成像技术，以电导率为成像目标参数，兼具无创、对比度好、灵敏度高等优点。按照成像的检测方式划分，可分为超声检测式磁声成像（ultrasound detection mode magnetoacoustic tomography，UDM-MAT）和电磁检测式磁声成像（electromagnetic detection mode magnetoacoustic tomography，EDM-MAT），二者互为反模式（刘国强，2014）。

12.2.1　成像原理

超声检测式磁声成像原理如图 12.1 所示，首先将被成像目标体置于静磁场 $\boldsymbol{B}_0$ 中，对目标体施加电磁激励，该激励可以通过一对电极向目标体注入脉冲电流，也可以在目标体外的一个线圈内通入脉冲电流，从而在目标体内产生感应涡流。无论是注入的电流还是感应的涡流，在静磁场 $\boldsymbol{B}_0$ 中都会受到洛仑兹力的作用使目标体产生振动，该振动以声波的形式向周围传播。利用环绕在目标体周围的若干个超声换能器探测声信号，然后以声信号为数据源，通过一定的重建算法，能够实现对目标体内部电导率图像的重建。在医学成像领域，如果激励是电极注入的电流，则被命名为注入电流式磁声成像（Liu et al.，2013）（magnetoacoustic tomography with current injection，MAT-CI）；如果激励是感应的涡流，则被命名为感应式磁声成像（magnetoacoustic tomography with magnetic induction，MAT-MI）（Xu et al.，2005）。

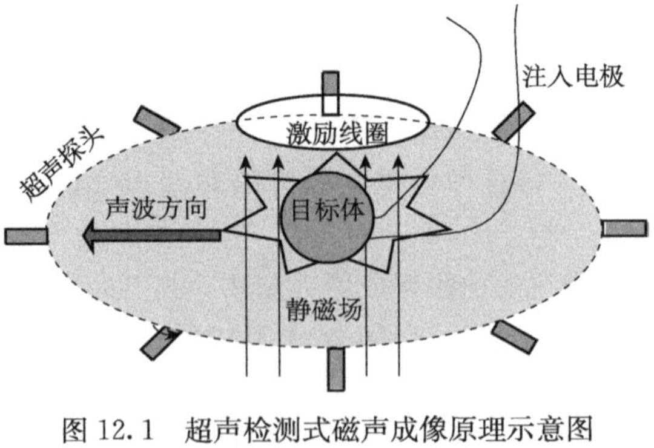

图 12.1　超声检测式磁声成像原理示意图

电磁检测式磁声成像原理如图 12.2 所示。需要将上述过程的电信号激励和声信号探测进行互换，即利用声信号作为激励，而进行电信号检测。具体过程描述如下：利用环绕在目标体周围若干个超声换能器按时间依次向目标体内发射超声窄脉冲，引起目标体内局部的振动速度 $\boldsymbol{v}$，在静磁场 $\boldsymbol{B}_0$ 的作用下产生等效电场源 $\boldsymbol{E}'=\boldsymbol{v}\times\boldsymbol{B}_0$，从而在目标体内产生随超声传播而变化的电流分布。利用一对贴在目标体表面的电极，或者放在目标体外部的线圈可以检测到相应的电信号。利用不同位置发射超声而激励产生电信号作为数据源，通过一定的重建算法，可以重建目标体内部的电导率分布。如果用电极检测电信号，就是传统意义的磁声电成像（magneto-acousto-electrical tomography，MAET）（Xu et al.，2007；Haider et al.，2008），称为电极检测式磁声电成像或电压检测式磁声成像（voltage detection mode magnetoacoustic tomography，VDM-MAT）。如果用线圈检测感应电动势信号，则被命名为磁感应式磁声电成像（magneto-acousto-electrical tomography with magnetic induction，MAET-MI）（Guo et al.，2015）或磁探测式磁声成像（magnetic detection mode magnetoacoustic tomography，MDM-MAT）。

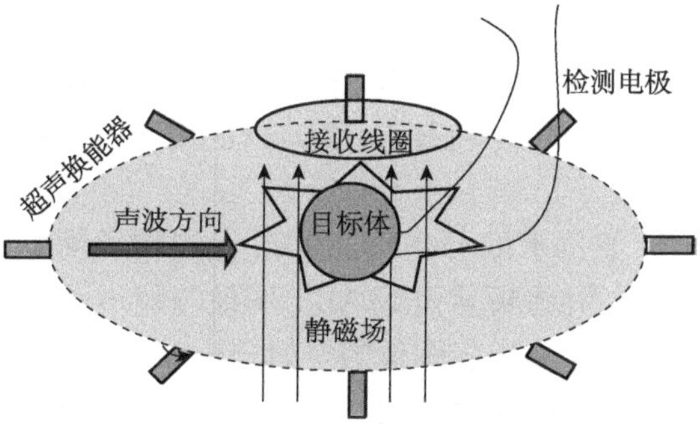

图 12.2 电磁检测式磁声成像原理示意图

与超声检测式磁声成像相比，电压检测式磁声成像将强电流脉冲激励换为超声激励，对人体而言更加安全有效；利用超声波的聚焦作用能够实现类似 B 超的逐点扫描成像，因此能够大大减少逆问题的计算时间，改善电导率的成像效果；另外，电信号检测与压电换能器的声信号检测相比更容易实现阻抗的匹配，从而更容易提高检测系统的增益和信噪比。

12.2.2 国内外研究现状

Wen 等在 1998 年首先提出了霍尔效应成像（Hall effect imaging，HEI）（Wen et al.，1998）。根据检测信号的不同，霍尔效应成像可分为电信号检测式和声信号检测式两种模式。就其本质而言，声信号检测模式对应的成像方法就是超声检测式磁声成像，电信号检测模式对应的成像方法就是电磁检测式磁声成像。

在霍尔效应成像的研究中，Wen 得到了一维模型电极检测模式下电压与电导率等参数的关系式

$$V_h(t)=\alpha W R_{\mathrm{d}} B_0\left\{\int_L \frac{\partial}{\partial x}\left[\frac{\sigma(x)}{\rho(x)}\right] M(x,t)\mathrm{d}x-\frac{\sigma(x)}{\rho(x)} M(x,t)\bigg|_{L_1}^{L_2}\right\} \tag{12.1}$$

式中，超声脉冲波包的净冲量 $M(x,t)$ 满足

$$M(x,t)=\int_{-\infty}^{t} p(x,\tau)\mathrm{d}\tau \tag{12.2}$$

其中，α 是仪器系数，R_{d} 是信号采集系统的电阻，W 是超声纵波的宽度，$\sigma(x)$ 和 $\rho(x)$ 分别是 x 处生物组织的电导率和密度，p 是声压，L 表示超声积分路径，L_1 和 L_2 是超声积分路径的起点和终点。

由此可知，仅在电导率与密度的比值有变化的地方，生物组织上两个表面电极的检测电压不为零。测试电流与超声路径内的平均振动速度有关，当整个波包进入均匀介质时，内部的平均速度为零，因此测试电流也为零。当超声波遇到电导率或者密度的边界时，可以测出电压信号。MAET 电信号与电导率之间的关系式（12.1）中存在不确定项 α 和 R_{d}，因此只能用于定性描述，不能用于定量重建。

为了验证磁声电成像技术的可行性，Wen 等制作了简单的实验装置，得到了一幅板熏肉的断层图，并将板熏肉 MAET 图像与超声图像对比，发现 MAET 的对比度高于超声成像，生物组织图像的空间分辨率由超声脉冲能量密度、测量电极之间的阻抗、组织最大电流允许度决定。HEI 并未研究霍尔电压与探头的声场分布、测量电极间的电场分布等多个因素的关系，还不能直接提供电导率分布的信息，只能间接反映相位和电导率的变化，而且分辨率的提高需要以几个特斯拉的强静磁场为前提，成本比较高。Wen 等于 2000 年给出了霍尔效应成像的一个可能的应用前景，即用于乳腺癌组织的电特性参数的病理研究和乳腺癌的诊断，并提出霍尔效应成像方法与多种超声技术相结合的概念，认为现有理论不够完善，生物组织电特性与霍尔电压之间的关系仍然不够明确，当成像质量达到现有理论的理论极限值时，则需要对生物组织霍尔电压与电特性的联系做更深入的研究，就像 MRI 建立在生物组织的磁弛豫机制上，建立组织电特性的物理机制，全面地解释霍尔效应成像，这是霍尔效应成像要走向临床应用的挑战（Wen，1999；Wen et al.，2000）。

Montalibet 等研究了振动致洛伦兹力成像：超声波穿过处于静磁场中的溶液

时，离子在沿 z 轴的纵波声场和沿 x 轴的磁场的耦合作用下产生 y 轴方向局部电流，从而可以测得超声振动电压。他采用理论模型解释了声场中离子振动机制、磁场中离子受力机制，以及离子在声场和磁场耦合作用下运动从而产生超声振动电位的全过程。Montalibet 等还着力于电磁干扰的排除，制作高可靠性的实验系统，他给出了一套在静磁场为 0.35T，1MPa 声压场下可产生 50nA 分布电流的装置，并且使用了超声聚集传感器，但是没有给出重构图像（Montalibet et al.，2001）。

Tseng 等在理论上对各向异性生物组织磁声电成像进行了分析，给出超声在处于静磁场中的各向异性组织中诱导洛伦兹力机制的一个新特征：振荡电压随超声波的传播而传播，局部振动电压正比于静磁场强度、超声波幅度和波长。局部振动电位在传播方向上呈条纹排列，因为相邻半波长内的离子振动方向改变，而且相邻半波长内的振动电位正负相消，最后总电流仍然沿洛伦兹力的方向。由于对肌肉纤维和神经纤维的电导率成像必须考虑组织的各向异性，因此，当对这些组织成像的时候，组织的各向异性是值得考虑的（Tseng et al.，2008）。

Haider 等在已有理论基础上，进一步完善了磁声电成像正问题的理论，将样品置于静磁场中，超声脉冲注入组织中，在聚集点由于超声和磁场耦合，基于洛伦兹力机制，产生局部电流源。这个局部电流源在一定条件下可以被模型化为点状电流偶极源。由互易定理推导出了测量电压与声场和磁场之间的更简单的关系式

$$u_{ab}=\int_{\Omega}[(\boldsymbol{v}\times\boldsymbol{B}_0)]\cdot\boldsymbol{J}_{ab}\,\mathrm{d}\Omega$$

其中，u_{ab} 为粘贴于样品上的两个电极所测到的电压，$\boldsymbol{v}$ 为超声场中质点的振动速度，$\boldsymbol{B}_0$ 为静磁场，$\boldsymbol{J}_{ab}$ 为假想的电流密度分布，它是通过 a 和 b 两点向目标体注入 1A 电流后，在目标体内形成的电流密度分布。该假想的过程就是 MAET 的互易过程。互易定理的引入，使磁声电成像的正演理论方法更加丰富，更为简约实用的重建方法得以建立，提高了成像质量。

Xu 等基于 MAET 的原理，搭建了实验装置，利用实验数据，基于互易定理重建了薄片样品的电流密度图像，并和注入 1A 电流的电流密度图像进行比较，验证了 MAET 的高分辨率，但没有给出电阻抗图像。Roth 等提出了一种傅里叶重建算法，当超声波注入生物组织时，在组织内形成的局部源的幅度和频域与该处电导率分布的傅里叶变换相等。以此类推多方向多波长的超声波注入组织内，可以由反傅里叶变换重构组织内电导率（Roth et al.，2009）。

为了解决磁声电成像在媒质均匀处测量不到信号的问题，Renzhiglova 在 2010 年提出了差频磁声电成像（difference frequency magneto-acousto-eletrical tomography，DF-MAET），即采用声辐射力作为超声激励源，使用双频超声产生差频 MAET 信号（Renzhiglova et al.，2010）。在 DF-MAET 成像中，沿着超声探头的方向，在满足差频信号的一半波长大于样品尺寸的情况下，便能引起样品内部振动，从而产生差频磁声电信号。文献中用几 kHz 的调制频率和 2.25MHz 的载波频率产生幅度可调的动态声辐射力驱动超声探头，对楔形明胶进行了 DF-MAET 和 MAET 的电流密度成像，并将两者的结果进行比较，发现 DF-MAET 的分辨率更高，能对样品整体轮廓进行成像，而 MAET 仅在样品最薄处检测到电信号，由此也验证了电流密度和样品尺寸成反比。人体组织只对低频信号产生响应（陈思平等，2011），Xu 等用低频超声波测量样品均匀处的信号，提出了两种实现方法：一种是幅度可调的连续声波，声压表达式为 $p = p_0\cos(w_m t)\cos(w_0 t)$，另一种是采用两束有微小频差的连续超声波，声压表达式为 $p = p_1\cos(w_1 t) + p_2\cos(w_2 t)$。经过推导简化可知，两种方法的声压方程均含有低频分量，亦即低频信号起主要作用。此外，还分析了适应于两种方法的超声探头的类型，讨论了共焦超声探头和聚焦超声探头的优缺点。

Zeng 等改进了实验装置，通过实验验证了 MAET 成像的可行性，并定量地论证了互易场积分方程的正确性，为 MAET 的数值仿真和重建算法奠定了基础（Zeng et al.，2010a）。搭建的实验平台，采用 1MHz 的超声探头，检测到了 60mm×50mm×1mm 的黄铜样品的电压信号，信号呈现了一正一负的两个峰，也检测到了氯化钠溶液有机玻璃的多边界电压信号，与 Wen 等得出的结论吻合。此外，Zeng 等从超声探头的参数考虑，从理论上分析了超声波的焦斑大小与 MAET 横向分辨率的关系，以及脉冲宽度和波长与轴向分辨率的关系。对于常规超声探头发射的超声波，电极无法测到媒质均匀处的电压信号的问题，根据 Wen 等的理论，Zeng 等尝试了含直流分量的超声脉冲激励方式，仿真得到了媒质均匀处的电信号，验证了测量电压幅度和超声波的净冲量成正比的关系（Zeng et al.，2010b）。

2012 年，Kunyansky 从理论上研究了电极检测磁声电成像的正逆问题。从麦克斯韦方程和声场波动方程出发，利用互易定理，在多个超声探头激励和一对电极检测的模式下，提出了一种点声源激励下重建电导率的理论模型和方法（Kunyansky，2012）。王霜还针对三维模型磁声电成像的正问题进行了详细的分析并开展了实验研究（王霜等，2014）。

Salim 等提出了混合磁声测量系统（hybrid magnetoacoustic measurement，HMM），所用的超声传感器具有发射和接收声信号的功能，可以同时研究生物组织的电特性和声特性，依据 MAET 的成像原理，搭建了实验平台，对同一块组织的正常和肿瘤状态进行测量，结果表明，异常组织的电导率高于正常组织，但是声衰减量小于正常组织，将两种参数结果进行比较，能更准确地诊断组织是否病变（Salim et al.，2013）。

考虑到非接触式检测等优点，Guo 等提出了一种采用线圈检测磁声电信号的新方法。2015 年，Guo 等导出了线圈检测模式下的互易场积分方程，在互易定理基础上研究了重建电导率的方法，并研制了磁探测式磁声成像的实验系统（Guo et al.，2015）。

从目前已经报道过的基于电磁场与超声耦合效应的电阻率成像研究来看，其主要研究方向都集中在 MAT-MI 方面。针对 MAET，目前公开发表的文章很少。在实验方面，电极检测和线圈检测两种模式的 MAET 都没有能够做到和 MAT-MI 一样的程度，即对低电导率的流体或生物组织实现电导率的成像，这将是今后努力的方向。

12.2.3　本书的主要研究内容

超声检测式磁声成像和电磁检测式磁声成像是目前磁声成像方法的两个重要分支。对于前者，按激励方式的不同，可以分为感应式磁声成像和注入电流式磁声成像两类；对于后者，按检测方式的不同，可以分为电压检测式磁声成像（UDM-MAT）和磁探测式磁声成像（MDM-MAT）两种成像方法。

前者已经在上册中重点阐述。共包含三篇内容，即第一篇“超声检测式磁声成像概论”、第二篇“感应式磁声成像研究”、第三篇“注入电流式磁声成像研究”。后者将在下册中阐述，也包含三篇内容，即第四篇“电磁检测式磁声成像概论”、第五篇“电压检测式磁声成像研究”、第六篇“磁探测式磁声成像研究”。此外，下册中还包含第七篇“磁声成像技术的再认识”，主要给出上述两大类成像方法通用的数学物理模型，并指出目前存在的问题和未来的发展方向。

与超声检测式磁声成像类似，电磁检测式磁声成像同样涉及成像理论、正逆问题研究和实验系统研究。需要说明的是，它只涉及电磁场正逆问题。对于声场，在假定目标体声学特性均匀的情况下，只涉及声场正问题而不涉及逆问题，这点与超声检测式磁声成像是不同的。

从激励测量的因果关系看，在电磁检测式磁声成像中，声场激励目标体是“因”，而激发电磁信号是“果”，因此，正问题研究需要从声场正问题研究开始，遵循先声场，而后电磁场的研究顺序。通过声场正问题分析可以研究振动声源在目标体中产生的声场或质点的运动情况。考虑到电压检测式磁声成像和磁探测式磁声成像的声场激励方式是一样的，因此，在本书中将声场传播问题作为二者的共性问题放入到本篇中予以阐述。

反过来看，电磁测量实质上是一种手段，获得目标体的电导率才是最终目的。由检测到的电磁信号重建目标体的电导率分布，就是“倒因求果”的过程，就需要借助电磁场逆问题的求解实现，这必然涉及电磁场逆问题研究。

为了简化分析过程，需要借助互易定理的方法，建立测量电压信号或感应电动势信号和互易场的关系，这样，将电导率的重建转换到互易过程中，利用互易场间接实现。

我们将看到互易场积分方程既是一种电磁场正问题的计算方法，也是电磁逆问题的关键核心，因此，无论是电压检测式磁声成像还是磁探测式磁声成像，我们都将依次研究互易场积分方程、电磁场正问题、电磁场逆问题以及实验平台和实验。

超声检测式磁声成像和电磁检测式磁声成像主要是从生物医学领域中提出来的，适合应用在声学特性近似均匀且电导率较低的目标体，如流体或者近似流体的生物组织等。中国科学院电工研究所自 2008 年起开始关注这方面的工作，先后取得了国家自然科学基金等项目的支持，从原理上对电流激励检测与成像的本质机理进行了研究。除了生物医学中的人体组织电导率成像以外，我们还将其扩展到油水两相流或地层流体的电导率成像领域。在成像方法、磁体技术、超声激励技术、交变电流检测技术等方面做了系列研究工作。在物理场分析方面，开展了瞬态电磁场、声场的数值模拟方法研究；在重建算法方面，提出了一些新的观点和方法，为进一步提高、优化电磁检测式磁声成像方法提供了理论参考，为下一步更好地成像提供了思路和理论指导。

本书将重点介绍在电磁检测式磁声成像领域中的研究工作。

参考文献

陈思平，曾斯宁，汪天富．2011. 超声编码激励产生声辐射力的数值模拟．深圳大学学报理工版，28(2)：165-170.

董峰，许燕斌．2006. 电阻层析成像技术在两相流测量中的应用．工程热物理学报，27(5)：791-795.

董秀珍．2008. 生物电阻抗成像研究的现状与挑战．中国生物医学工程学报，27(5)：641-644.

冯锐，李智明，李志武，等．2004. 电阻率层析成像技术．中国地震，20(1)：13-30.

李利品，党瑞荣，黄燕群．2012. 层析成像技术在多相流中的研究动态．地球物理学进展，27(2)：651-660.

刘国强．2006. 医学电磁成像．北京：科学出版社．

刘国强．2014. 磁声成像技术上册：超声检测式磁声成像．北京：科学出版社．

许道振，张国忠，赵仕浩．2011. 水平管油水两相流研究进展．油气储运，30(9)：641-654.

万明习．2010. 生物医学超声学．北京：科学出版社．

王霜，刘国强，夏慧，等．2014. 三维磁声电成像技术的仿真分析研究．北京生物医学工程，

33(3)：234-239.

曾文冲，赵文杰，臧德福. 2001. 井间电磁成像系统应用研究. 地球物理学报，44(3)：411-420

吴瑞芬. 2007. 电阻层析成像系统敏感场特性分析与仿真研究. 哈尔滨：哈尔滨理工大学.

张海澜. 2007. 理论声学. 北京：高等教育出版社.

张守谦，顾纯学，曹广华. 1997. 成象测井技术及应用. 北京：石油工业出版社.

Alumbaugh D L，Morrison H F. 1995. Theoretical and practical considerations for cross well electromagnetic tomography assuming a cylindrical geometry. Geophysics，60(3)：846-870

Aulia K，Poernomo B，Richmond W，et al. 2001. Resistivity behind casing. Oil Field Rev，13(1)：1-94.

Beck M S，Williams R A. 1996. Process tomography：a European innovation and its applications. Meas Sci Technol，7(1)：215-225.

Brown B H. 2001. Medical impedance tomography and process impedance tomography：a brief review. Measurement Science and Technology，12：991-997.

Chaudhary S S，Mishra R K，Swarup A，et al. 1984. Dielectric properties of normal & malignant human breast tissues at radiowave & microwave frequencies. Indian journal of biochemistry & biophysics，21(1)：76-79.

Gabriel C，Gabriel S，Corthout E. 1996. The dielectric properties of biological tissues：I. Literature survey. Phys Med Biol，41(11)：2231-2249.

Gabriel S，Lau R W，Gabriel C. 1996a. The dielectric properties of biological tissues：II. Measurements in the frequency range 10 Hz to 20 GHz. Phys Med Biol，41(11)：2251-2269.

Gabriel S，Lau R W，Gabriel C. 1996b. The dielectric properties of biological tissues：III. Parametric models for the dielectric spectrum of tissues. Phys Med Biol，41(11)：2271-2293.

Gish，O H，Rooney W J. 1925. Measurement of resistivity of large masses of undisturbed earth：Terrestrial Magnetism and Atmospheric Electricity，30：161-188.

Guo L，Liu G，Xia H. 2015. Magneto-acousto-electrical Tomography with Magnetic Induction for Conductivity Reconstruction. IEEE Transactions on Biomedical Engineering，62(9)：2114-2124.

Haider S，Hrbek A，Xu Y. 2008. Magneto-acousto-electrical tomography：a potential method for imaging current density and electrical impedance. Physiological measurement，29(6)：S41-50.

Henderson R P，Webster JG. 1978. An impedance camera for spatially specific measurements of the thorax. IEEE transactions on bio-medical engineering，25(3)：250-254.

Joines W T，Zhang Y，Li C，et al. 1994. The measured electrical properties of normal and malignant human tissues from 50 to 900 MHz. Medical physics，21(4)：547-550.

Kunyansky L. 2012. A mathematical model and inversion procedure for magneto-acousto-electric tomography. Inverse Problems，28(3)：35002-35022.

Liu G，Huang X，Xia H，et al. 2013. Magnetoacoustic tomography with current injection. Chinese Science Bulletin，58(30)：3600-3606.

Montalibet A，Jossinet J，Matias A，et al. 2001. Electric current generated by ultrasonically induced Lorentz force in biological media. Medical & biological engineering & computing，39(1)：15-20.

Renzhiglova E，Ivantsiv V，Xu Y. 2010. Difference frequency magneto-acousto-eletrical tomography(DF-MAET)：application of ultrasound-induced radiation force to imaging electrical current density. IEEE Transactions on Ultrasonics，Ferroelectrics，and Frequency Control，57(11)：2391-2312.

Roth B J，Schalte K. 2009. Ultrasonically-induced Lorentz force tomography. Medical and Biological Engineering and Computing，47(6)：573-577.

SalimM，Supriyanto E，Haueisen J，et al. 2013. Measurement of bioelectric and acoustic profile of breast tissue using hybrid magnetoacoustic method for cancer detection. Med Biol Eng Comput，51(6)：459-466.

Shima H，Sakayama T. 1987. Resistivity tomography：an approach to 2-D resistivity inverse problems. Seg Technical Program Expanded Abstracts，(1)：923.

Shima H，Saito H. 1988. Application of resistivity tomography for detection of faults and evaluation of their hydraulic continuity：some numerical experiments. Seg Technical Program Expanded Abstracts，(1)：204-207.

Shima H. 1989. Effects on reconstructed images of surrounding resistivity structures in resistivity tomography. Seg Technical Program Expanded Abstracts，(1)：1375.

Shima H. 1990. Two dimensional automatic resistivity inversion technique using alpha centers. Geophysics，55(6)：682-694.

Stoy R D，Foster K R，Schwan H P . 1982. Dielectric properties of mammalian tissues from 0. 1 to 100 MHz：a summary of recent data. Phys Med Biol，27(4)：501-513.

Tarantola A. 1984. Inversion of seismic reflection data in the acoustic approximation. Geophysics，49(8)：1259-1267.

Tseng N，Roth B J. 2008. The potential induced in anisotropic tissue by the ultrasonically-induced Lorentz force. Medical & biological engineering & computing，46(2)：195-197.

Wen H，Shah J，Balaban R S. 1998. Hall effect imaging. IEEE Transactions on Biomedical Engineering，45(1)：119-124.

Wen H. 1999. Volumetric Hall effect tomography——a feasibility study. Ultrasonic imaging，21(3)：186.

Wen H，Bennett E. 2000. The feasibility of Hall effect imaging in humans. IEEE Ultrasonics Symposium，2：1619-1622.

Wilt M，Alumbaugh D L，Morrison H F，et al. 1995. Crosshole elect romagnet ic tomography：system design considerations and field results. Geophysics，60(3)：871-885.

Wilt M, Lee K, Alumbaugh D L . 1999. Crosshole electromagnetic tomography : a new technology for oil field characterization. The Leading Edge, 14(3): 173-177.

Xie G, Li J, Majer E L, et al. 2000. 3-D electromagnetic modeling and nonlinear inversion. Geophysics, 65(3): 804.

Xu Y, Haider S, Hrbek A. 2007. Magneto-acousto-electrical tomography: a new imaging modality for electrical impedance. ICEBI 2007, IFMBE proceedings, 17: 292-295.

Xu Y, He B. 2005. Magnetoacoustic tomography with magnetic induction (MAT-MI). Phys Med Biol, 50(21): 5175-5187.

Zeng X P, Liu G Q, Xia H. 2010a. Steady state electromagnetic analysis of the forward problem for magneto-acoustic tomography. The 2nd International Conference on Information Science and Engineering, 599-602.

Zeng X P, Liu G Q, Xia H, et al. 2010b. Acoustic characteristic study of magneto-acousto-electrical tomography. 3rd International Congress on Image and Signal Processing and 2010 3rd International Conference on BioMedical Engineering and Informatics, 95-98.

Zhdanov M S, Fang S. 1996. Quasi linear approximation in 3-D electromagnetic modeling. Geophysics, 61(3): 646-665.

第 13 章　声场传播问题

在电磁检测式磁声成像过程中，静磁场是产生信号的一个必要条件，超声则是另一个必要条件。声波的传播空间叫做声场，声波在介质中的传播与介质本身的特性有关。

在第 5 章，曾针对超声检测式磁声成像研究了声场的传播。相关的声场正问题指的是：已知洛伦兹力声源，求解声场传播，获得声压分布，进一步获得超声换能器处的声压信号。洛伦兹力声源是脉冲磁场和涡流作用的结果，分布在整个目标体内。

电磁检测式磁声成像的声场正问题则不同于超声检测式磁声成像，它的声源是由超声换能器产生，主要目的是求解目标体内部的声场分布（振动速度或速度势）。

13.1　流体中的声场方程

考虑电磁检测式磁声成像技术在生物医学、多相流检测等领域的应用，其被测对象以流体为主。当振动在流体中传播时，形成压缩和舒张的交替运动，声波在流体中表现为压缩纵波。考虑电磁检测式磁声成像技术在测井领域中的应用，被测对象包含流体和固体。当振动在固体中传播时，既有纵波又有横波。

由于声波是介质中质点振动的传播，那么质点的振动速度是描述声场主要的物理量。对于流体，由于声压是标量，计算或测量比较容易实现，通过声压的计算或测量也能比较方便地求得振动速度，因此声压已成为流体中最为普遍采用的描述声场的物理量。

为了获得质点的振动速度 $\boldsymbol{v}$ 和速度势 φ，需要根据声激励源求解声场。假设声场的计算不依赖电磁场的计算（假设成立的详细分析见 22 章），也就是说，从声场到电磁场之间的耦合是弱耦合，那么振动速度 $\boldsymbol{v}$ 和速度势 φ 只需要通过声场的定解问题就可求得。

前面已经提到，人体软组织和油水两相流体的声学特性相差很小。大量的实验数据显示，在生物医学领域中，人体组织的血液、脑、脂肪、肝、肌肉的声速 c_s 在 1500 m/s 左右，而在多相流层析成像领域，油和水的声速与密度也是非常接近的。假设流体或近似流体的介质都属于声学均匀介质，具有近似相同的声速和声阻抗。为了简化声场的计算，可以将目标区域近似成线性、均匀流体声学介质。

在生物医学成像中，超声换能器激励的声场可以近似为点声源产生的声场，而在工业超声层析成像中通常是活塞状的平面超声换能器。不同的超声换能器具有不同的声场分布规律。本节将针对不同的超声换能器激励研究声场计算的定解问题及计算方法。

声波作为一个宏观的物理现象，要在微观上满足牛顿第二定律、质量守恒定律及相关参数的物态方程。运用这些基本定律，就可以分别推导出介质的运动方程，即声压与振动速度之间的关系；连续性方程，即振动速度与密度之间的关系；以及物态方程，即声压与密度之间的关系。考虑一束在流体中传播的超声波，为了研究方便，一些必要且合理的假设为（张海澜，2007）：

（1）介质为理想流体，即介质中不存在黏滞性，声波在这种理想介质中传播时没有能量耗损。

（2）没有声扰动时，介质在宏观上是静止的，即初速度为零。当流体流速远小于超声引起的振动速度时，也可以忽略多普勒效应，近似认为初速度为 0。

（3）声波传播时，介质中稠密和稀疏的过程是绝热的，即忽略声传播引起的热交换。

（4）介质中传播的是小幅声波，各声学量都是一级小量。

在以上假设条件下，可以得到声压-振动速度耦合方程（张海澜，2007），考虑声波在无源介质中传播，有

$$\begin{cases}\dfrac{1}{c_s^2}\dfrac{\partial p}{\partial t}=-\rho_0\nabla\cdot\boldsymbol{v}\\[2mm]\rho_0\dfrac{\partial \boldsymbol{v}}{\partial t}=-\nabla p\end{cases}\tag{13.1}$$

式中，p 是声压，单位是帕斯卡，符号为 Pa；$\boldsymbol{v}$ 和 c_s 分别是振动速度和波速，单位是米/秒，符号为 m/s；ρ_0 是介质静态密度，单位是千克/立方米，符号为 $\mathrm{kg/m^3}$ 。

从上面两式中消去 $\boldsymbol{v}$，即可得到声压满足的波动方程

$$\nabla^2 p-\frac{1}{c_s^2}\frac{\partial^2 p}{\partial t^2}=0\tag{13.2}$$

定义超声振动速度势 $\varphi(\boldsymbol{r},t)$ 满足公式（Kunyansky et al.，2012）

$$\boldsymbol{v}=\frac{1}{\rho_0}\nabla\varphi\tag{13.3}$$

声压 $p(\boldsymbol{r},t)$ 与 $\varphi(\boldsymbol{r},t)$ 之间满足

$$p(\boldsymbol{r},t)=-\frac{\partial}{\partial t}\varphi(\boldsymbol{r},t) \tag{13.4}$$

显然，速度势满足同样形式的波动方程

$$\nabla^2\varphi-\frac{1}{c_s^2}\frac{\partial^2\varphi}{\partial t^2}=0 \tag{13.5}$$

在无穷远边界条件下，以任意位置 $\boldsymbol{r}'$处的点声源 $\delta(\boldsymbol{r}-\boldsymbol{r}')\delta(t)$ 激励，声场 p 可以由下面的初值问题（IVP）表示

$$\nabla^2 p-\frac{1}{c_s^2}\frac{\partial^2 p}{\partial t^2}=0 \tag{13.6a}$$

$$p|_{t=0}=0 \tag{13.6b}$$

$$\left.\frac{\partial p}{\partial t}\right|_{t=0}=-\delta(\boldsymbol{r}-\boldsymbol{r}') \tag{13.6c}$$

该 IVP 问题也可以表示为

$$\nabla^2 p-\frac{1}{c_s^2}\frac{\partial^2 p}{\partial t^2}=-\delta(\boldsymbol{r}-\boldsymbol{r}')\delta(t) \tag{13.7a}$$

$$p|_{t=0}=0 \tag{13.7b}$$

$$\left.\frac{\partial p}{\partial t}\right|_{t=0}=0 \tag{13.7c}$$

这两种 IVP 问题的描述在物理上是等价的（Kuchment et al.，2008），也就是说可以将声压 p 一阶导数的初值乘以 $\delta(t)$ 放入波动方程右端作为源项进行求解。其中，$\boldsymbol{r}$ 是任意的场点，$\boldsymbol{r}'$是源点，即点声源所处的位置；$\delta(\boldsymbol{r}-\boldsymbol{r}')$ 是三维空间的 Dirac 函数，它只在 $\boldsymbol{r}'$ 点处有值；$\delta(t)$ 是时间维度上的 Dirac 函数，$p|_{t=0}$ 和 $\left.\frac{\partial p}{\partial t}\right|_{t=0}$ 表示初始值。

速度势 $\varphi(\boldsymbol{r},t)$ 同样满足式（13.6）或（13.7）所述的初值问题，即

$$\nabla^2\varphi-\frac{1}{c_s^2}\frac{\partial^2\varphi}{\partial t^2}=0 \tag{13.8a}$$

$$\varphi|_{t=0}=0 \tag{13.8b}$$

$$\left.\frac{\partial \varphi}{\partial t}\right|_{t=0}=-\delta(\boldsymbol{r}-\boldsymbol{r}') \tag{13.8c}$$

或

$$\nabla^2\varphi-\frac{1}{c_s^2}\frac{\partial^2\varphi}{\partial t^2}=-\delta(\boldsymbol{r}-\boldsymbol{r}')\delta(t) \tag{13.9a}$$

$$\varphi|_{t=0} = 0 \tag{13.9b}$$

$$\left.\frac{\partial \varphi}{\partial t}\right|_{t=0} = 0 \tag{13.9c}$$

点声源在空间产生的声场还可以用格林函数 $g(\boldsymbol{r},t|\boldsymbol{r}',t')$ 来表示。在三维模型中，上述初值问题在无穷远边界条件下时域的解，就是对应的格林函数，可写为

$$g(\boldsymbol{r},t|\boldsymbol{r}',0) = \frac{\delta\left(t - \frac{|\boldsymbol{r}-\boldsymbol{r}'|}{c_s}\right)}{4\pi|\boldsymbol{r}-\boldsymbol{r}'|} \tag{13.10}$$

这里假设点声源激励都是从 $t'=0$ 时刻开始。当点声源速度势的时间波形是任意函数 $f(t)$ 时，声场可以看作格林函数与时域函数卷积的结果，即

$$\varphi(\boldsymbol{r},t) = f(t) * g(\boldsymbol{r},t|\boldsymbol{r}',0) \tag{13.11}$$

如果 $f(t)$ 表示的是点声源初始速度势的波形，则式（13.11）计算的就是速度势，而如果 $f(t)$ 表示的是点声源初始声压的波形，也可以用相同的卷积方法计算声场的声压。

更进一步，如果同时考虑声源的时间激励函数和空间分布特性，那么声场的计算可以看作是格林函数与声源时间函数的卷积在声源区域内的积分

$$\varphi(\boldsymbol{r},t) = \varphi(\boldsymbol{r},t) = f(t) * \int_{\Omega} g(\boldsymbol{r},t|\boldsymbol{r}',0)q(\boldsymbol{r}')\mathrm{d}\Omega \tag{13.12}$$

其中，$q(\boldsymbol{r}')$ 是声源分布函数，Ω 是整个声源分布的区域。

积分方程（13.12）正是无穷远边界条件下初值问题（13.13）的格林函数解

$$\nabla^2\varphi - \frac{1}{c_s^2}\frac{\partial^2\varphi}{\partial t^2} = -q(\boldsymbol{r})f(t) \tag{13.13a}$$

$$\varphi|_{t=0} = 0 \tag{13.13b}$$

$$\left.\frac{\partial \varphi}{\partial t}\right|_{t=0} = 0 \tag{13.13c}$$

13.2 固体中的声场方程

在测井领域，涉及的声学介质既包含固体也包含流体，在固体中无源运动方程为

$$(\lambda + 2\mu)\nabla^2\boldsymbol{u} + (\lambda + \mu)\nabla\times\nabla\times\boldsymbol{u} = \rho_0\frac{\partial^2\boldsymbol{u}}{\partial t^2} \tag{13.14a}$$

或

$$(\lambda+\mu)\nabla\nabla\boldsymbol{u}+\mu\nabla^2\boldsymbol{u}=\rho_0\frac{\partial^2\boldsymbol{u}}{\partial t^2} \tag{13.14b}$$

其中，$\boldsymbol{u}$ 为质点位移，λ 和 μ 为弹性拉梅系数。对式（13.14a）求散度，有

$$\nabla^2(\nabla\cdot\boldsymbol{u})-\frac{1}{c_s^2}\frac{\partial^2(\nabla\cdot\boldsymbol{u})}{\partial t^2}=0 \tag{13.15}$$

其中，纵波速度为

$$c_s=\sqrt{\frac{\lambda+2\mu}{\rho_0}} \tag{13.16}$$

对式（13.14b）求旋度，有

$$\nabla^2(\nabla\times\boldsymbol{u})-\frac{1}{c_0^2}\frac{\partial^2(\nabla\times\boldsymbol{u})}{\partial t^2}=0 \tag{13.17}$$

其中，横波速度为

$$c_0=\sqrt{\frac{\mu}{\rho_0}} \tag{13.18}$$

根据矢量场分解定理，将 $\boldsymbol{u}$ 分解为

$$\boldsymbol{u}=\nabla\varphi+\nabla\times\boldsymbol{A} \tag{13.19}$$

分别代入式（13.15）和（13.17），有

$$\nabla^2\varphi-\frac{1}{c_s^2}\frac{\partial^2\varphi}{\partial t^2}=0 \tag{13.20}$$

$$\nabla^2\boldsymbol{A}-\frac{1}{c_0^2}\frac{\partial^2\boldsymbol{A}}{\partial t^2}=0 \tag{13.21}$$

无论纵波还是横波，速度势和位移势满足相同的波动方程形式，这里 φ 表示纵波速度势（或位移势），$\boldsymbol{A}$ 表示横波速度势（或位移势）。

利用固体中的声场波动方程，可以进行测井领域中声场的计算（沈建国，2004）。

13.3　声场有限元数值分析

探头发射的超声波可以采用有限元法进行数值模拟，通常可以借助 COMSOL 等软件实现（Zeng et al.，2010；王霜等，2014）。

根据推导声场的假设条件可知，在满足一定条件下，可以将理想流体中的二

维或三维声场简化成一维情况进行分析。当所选用的超声传感器发出的声波的作用焦斑特别小，直径为 3mm 左右时，可以将三维声波的传播近似为一维进行研究，这样处理有利于减少计算量，提高求解速度。

依据声波方程和连续性方程可以求解出一维声压和振动速度。一维声场的数值仿真模型如图 13.1 所示，几何模型长 $l=15\text{cm}$，超声传播路径为 $-7.5\sim7.5\text{cm}$，声波在生物组织中的传播速度设为 $c_s=1500\text{m/s}$。

图 13.1 一维声场几何模型

假设实验过程中，超声波在组织另一边界处不发生反射，整个过程均是理想吸收边界。满足的初始条件是：在求解时间域中，$t=0$ 时刻，声压为零，声压的一阶导数为零。综合以上分析，求得声压在生物组织中传播时，声压满足的初边值问题为

$$\begin{cases}\dfrac{\partial^2 p}{\partial x^2}=\dfrac{1}{c_s}\dfrac{\partial^2 p}{\partial t^2}\\ p\left.\right|_{x=0}=p(t)\\ p\left.\right|_{x=l}=0\\ p\left.\right|_{t=0}=0\\ \dfrac{\partial p}{\partial t}\left.\right|_{t=0}=0\end{cases}\tag{13.22}$$

其中，边界条件 $p|_{x=0}=p(t)$ 为声压激励源，$p|_{x=l}=0$ 为右边界处的理想吸收边界。

计算得到声压 p 之后，利用公式 $v=-\int\dfrac{1}{\rho_0}\dfrac{\partial p}{\partial x}\mathrm{d}t$ 可以得到质点振动速度。这里 ρ_0 为生物组织密度，假设为 1000kg/m^3。

考虑到超声波对生物组织横向和纵向分辨力的影响，超声脉冲的波长、幅度和焦斑对成像质量的影响，分析讨论哪种超声波有利于提高生物组织的成像质量。超声探头发射的声波有很多种：方波、三角波、正弦波和高斯脉冲波等。超声探头的焦斑影响生物组织的横向分辨力，而所发射声波的脉宽便是生物组织的轴向分辨力。为了得到高轴向分辨力的图像，会优选高斯脉冲波。选择的超声激励源为

$$p(t)=10^6\exp\left(-\frac{1}{2}\left(\frac{t}{2\times10^6}\right)\right)(\text{Pa})\tag{13.23}$$

激励源的周期是 $10\mu\text{s}$，波形如图 13.2 所示。

利用 COMSOL 中的声学和 PDE 模块，可以实现声场的仿真模拟。设定合适的空间和时间步长，有利于精确求解结果，提高计算速度。研究发现，在处理波动问题时，有限元网格尺寸一般要控制在 $\lambda/20\sim\lambda/10$（其中 λ 为最小波长），但

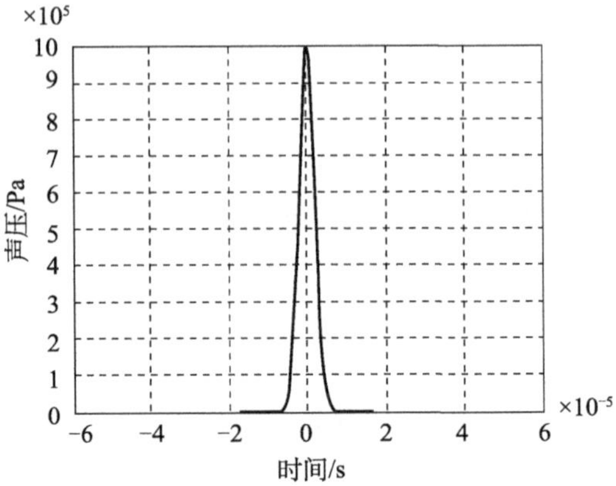

图 13.2　超声激励源波形

这也只是一般规律，因为当超声波频率为 MHz 时，生物组织的尺寸很大，这样剖分的网格数量很大，占用了过多的计算内存并且影响计算速度。但是对于一维声场情况，则不存在网格数量很大的情况。根据上述分析，设定一维声场模型的网格数 $M=202$，相应的时间求解器设定为 $0:4.4\times10^{-7}:9\times10^{-5}$s。在时刻 1×10^{-4}s，超声传播到几何模型的右边界，为了忽略回波的影响，求解器仿真时间设定到 0.96×10^{-4}s。仿真设定时不考虑超声衰减影响，即仅模拟该高斯超声束沿超声传播路径进行无衰减的传播。

综合上述分析，进行求解模块的设定。数值仿真之后，观察生物组织声压和振动速度的变化趋势。为了观察某点和某个时刻的声压变化趋势，选取了超声传播方向上 $x=0$ 处声压波形和时刻 $t=6.0\times10^{-5}$s 时的声压分布图形，如图 13.3 所示。

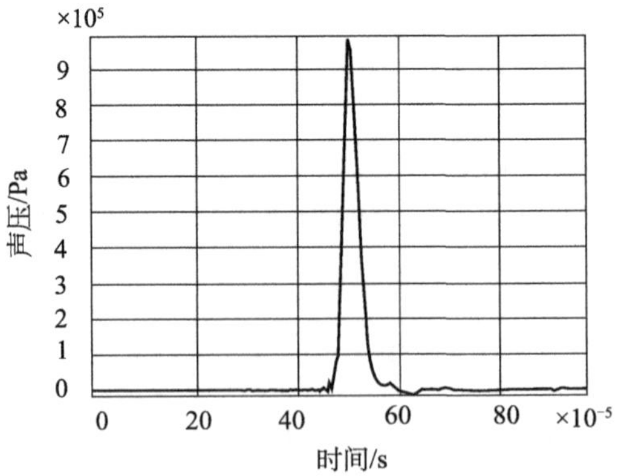

(a) x=0位置处的声压波形

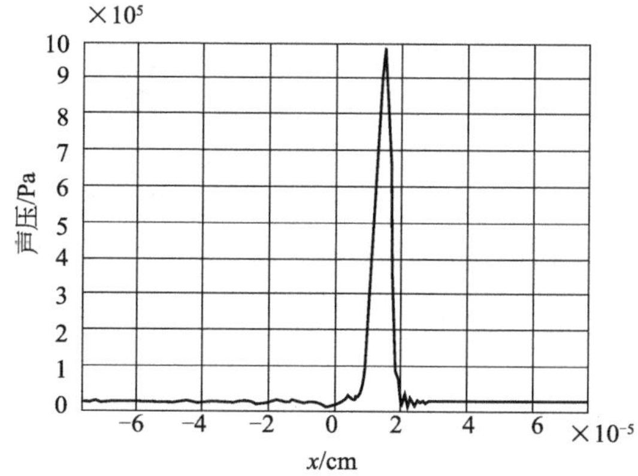

(b) t=6.0×10^{-5}s时刻的声压分布

图 13.3 声压变化与分布图形

图 13.3 (a) 是声场在 $x=0$ 处的声压随时间的变化图像，根据声波的传播速度 $c_s=1500\text{m/s}$ 以及公式 $t=l/c_s$ ，可知声波脉宽中心传播到位置 $x=0$ 处的时刻大约是 5.0×10^{-5}s。图 13.3 (b) 是声场在时刻 $t=6.0\times10^{-5}$s 的声压分布图形，从图中可知，在此刻声波中心大约传播到 x=1.5cm 的位置。依据声波的传播速度、传播距离和时间的关系式可知，图 13.3 (a) 和 (b) 显示的位置和时刻，均和理论计算的值一致。从图中还可看出，声压波形的周期大约为 10μs，并且在超声波传播到的地方，声压值是最大的。因为超声传播过程中没有衰减，声压波形与超声激励源的波形一样，图中的波形变化与理论分析相符合。

为了研究声波质点振动速度的变化，也选择了不同位置和时刻的振动速度变化进行分析，如图 13.4 所示。

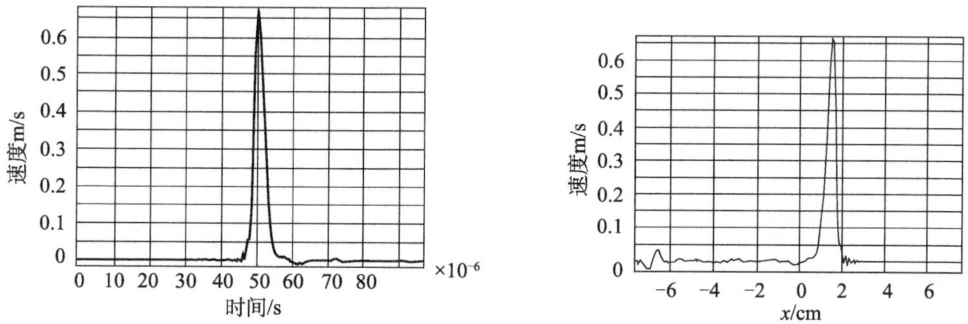

(a) x=0位置处的振动速度波形　　(b) t=6.0×10^{-5}s时刻的振动速度分布

图 13.4 振动速度变化与分布图

图 13.4 (a) 是 $x=0$ 位置处的振动速度随时间的变化波形，图 13.4 (b) 是

在 $t=6.0\times10^{-5}$ s 时刻的振动速度分布图形。从图中可知，图上显示的数据和理论计算的数据一致，并且和超声激励源的周期与变化波形吻合。

图 13.5 是不同位置处的振动速度波形变化图，选取的四个位置坐标分别为：第一点 $x=-6$cm，第二点 $x=-2$cm，第三点 $x=2$cm 和第四点 $x=6$cm。图中的位置和时刻均和理论值计算值吻合。因为声波传播过程中没有衰减，所以不同位置的振动速度波形在幅值和周期上基本相似，和超声激励源的周期与变化波形一致，振动速度的量级是 m/s。图中显示随着时间的推移，超声波在生物组织中传播振动的情况。

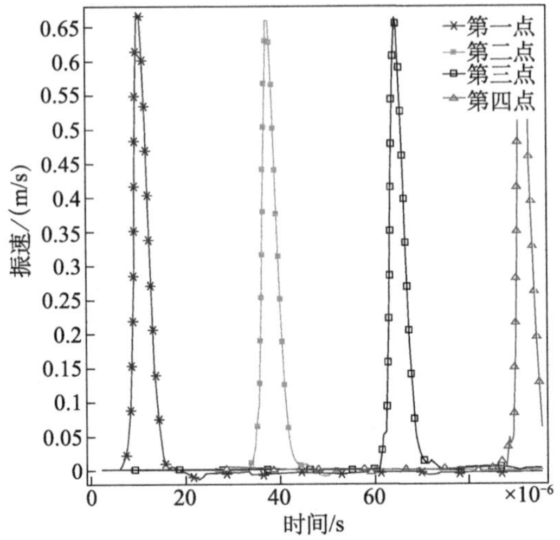

图 13.5　不同位置的振动速度波形

从声压和振动速度波形图中可知，声波以 1500m/s 的速度在理想流体中传播，所到之处，引起离子的振动，同时推知振动速度大小正比于声压源。

三维声场模拟也可以利用 COMSOL 软件实现，获得声压和振动速度的变化情况，本书不再赘述。

13.4　声场角谱法分析

探头发射的超声波的表示方法通常有角谱法、多元高斯声束法（Blitz et al.，1995）。角谱法的基本思想是将探头发射的波分解成无数个平面波，分别计算每个平面波在介质中的传播和衰减，然后基于一定的加权函数将所有平面波叠加起来模拟声场的传播（Carvalho et al.，2006）。多元高斯声束法是利用多个高斯声束叠加得到高斯声束，模拟探头发射的声场。由于高斯分布函数的特殊性，利用高斯基函数可以很容易地推导出单个高斯声束的声场解析表达式，在描述单个高斯声束声场之后，只需要采用一组 10 个或者 15 个加权系数进行叠加，即可得到相应类型探头的发射声场。这种方法能够得到声场的解析表达式，计算速度快，被广泛应用于声场数值仿真实验中。

13.4.1　轴对称模型中心线声源的角谱法声场分析

在测井领域中，经常遇到位于井孔内的线声源激发的声场分析。通常假设周围介质是轴对称的。为了尽量简化声场的计算，不妨假设井孔周围都是液体介质，并且在声学特性上是线性、均匀的，那么其声场也可以在极坐标系下通过求解声波波动方程得到。

考虑具有频谱 $S_0(\omega)$ 的线声源，如果不考虑地层倾斜的影响，通过在极坐标系中求解无穷远边界条件下的波动方程，可以得到用汉克尔函数表示的超声波位移势（沈建国，2004）

$$\psi(\boldsymbol{r},\omega)=S_0(\omega)\sum_{m=0}^{\infty}\varepsilon_m\mathrm{J}_m(kr_0)\mathrm{H}_m^{(1)}(kr)\cos(m\theta)$$

其中，$S_0(\omega)$ 是声源的频谱，$k=\omega/c_s$ 是波数，J_m 是贝塞尔函数，$\mathrm{H}_m^{(1)}$ 是第一类汉克尔函数，m 是贝塞尔函数和汉克尔函数的阶数，ε_m 是与阶数有关的常系数，r_0 是声源位置的半径，$\boldsymbol{r}$ 表示空间任意一点，r、θ 是该点在极坐标系中的坐标。如果线声源恰好位于井孔中心，则上式中的 $r_0=0$，即

$$\psi(\boldsymbol{r},\omega)=S_0(\omega)\sum_{m=0}^{\infty}\varepsilon_m\mathrm{H}_m^{(1)}(kr)\cos(m\theta)$$

通过傅里叶反变换可以得到时间域内的位移势

$$\psi(\boldsymbol{r},t)=\int_0^{+\infty}\mathrm{i}\pi S_0(\omega)\sum_{m=0}^{\infty}\varepsilon_m\mathrm{H}_m^{(1)}(kr)\cos(m\theta)\mathrm{e}^{-\mathrm{i}\omega t}\mathrm{d}\omega \tag{13.24}$$

这里速度势与位移势之间满足如下公式

$$\varphi(\boldsymbol{r},t)=\frac{\partial\psi(\boldsymbol{r},t)}{\partial t} \tag{13.25}$$

由此可见，利用式（13.24）得到位移势后，对时间求导可得到速度势。通过计算式（13.24）和（13.25）可得到位于井轴中心处声源激励产生的声场。

考虑位于中心的线声源具有有限的频带宽度，假设给定声源的频谱特性满足

$$S_0(\omega)=A\times10^{-6}\mathrm{e}^{-\left(\frac{\omega-2\pi\times50000}{16}\right)^2} \tag{13.26}$$

其中，$\boldsymbol{A}$ 为声源幅度常数。由于沿井轴方向线声源是近似无限长的，可以只考虑垂直于井轴的二维横截面。

在轴对称模型中心线声源的激励下，选取四个不同时刻：$t = 2.5 \times 10^{-5}$s、5×10^{-5}s、1×10^{-4}s、2×10^{-4}s，画出由式（13.24）计算得到的位移势，如图 13.6所示。

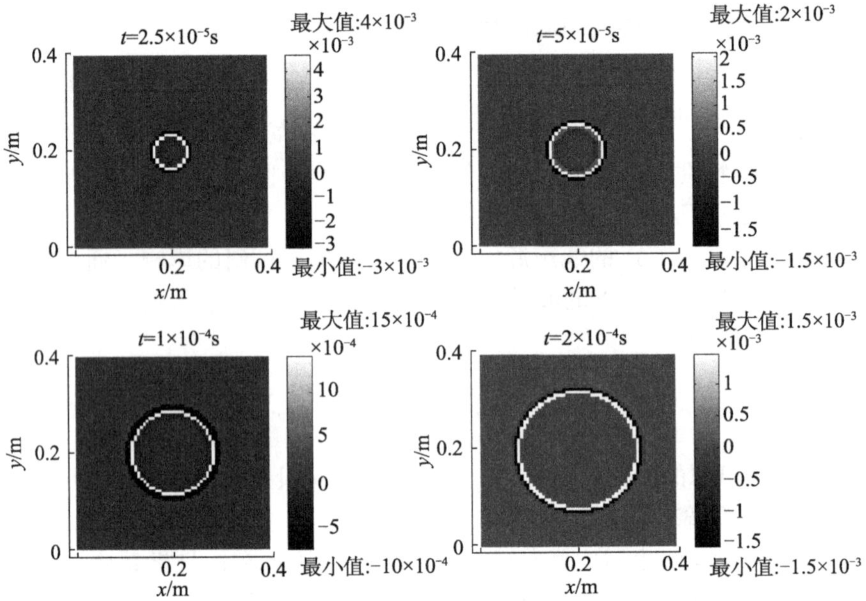

图 13.6 中心线声源在均匀声学介质中激励声场的位移势

从图 13.6 可以看出，线声源在二维截面内激发的声场呈圆形向外扩散。随着超声传播距离的增加，超声的幅度逐渐减弱。这里超声传播速度为 $c_s = 1500$m/s，那么在 $t = 2 \times 10^{-4}$s 时的传播距离应为 $l = c_s t = 30$cm，这与图 13.6 所示的在第四个时刻的仿真结果是吻合的。仿真结果与沈建国在 2004 年给出的声场计算结果也是一致的。分析与对照结果表明，利用角谱法计算中心线声源激励的声场结果是可信的。

13.4.2 活塞型平面超声换能器激励的声场

本节研究的声场是由活塞型平面超声换能器激励产生的，它的近场非常复杂，而远场可以近似认为是点声源激励所产生的。沿换能器中心轴线距离表示的近场区域为

$$N = D^2/4\lambda$$

其中，D 是换能器晶片直径，λ 是液体中超声波波长。

实验中采用 Olympus 生产的直径 1in（1in=2.54cm）、主频 500kHz 和直径 0.75in、主频 1MHz 的超声换能器，其近场距离大约都为 5cm。实验过程中换能

器距离目标成像区域的实际距离一般也在 5～20cm，近似属于远场区的范围。通过合理的实验设计，如在周围增加吸声材料消除反射声波，可以排除声场边界的干扰，在理论上只考虑无穷远边界条件下的声场初值问题。

在实际应用中，虽然目标体处于远场范围之内，但是超声换能器距离目标体越近，激励的声场强度就越强，产生的电压信号也就越强。然而距离太近，平面超声换能器激发的近场无法等效为点声源激发的场，因此在实际操作中，一般会让被测区域处于远场的范围，但是离近场的距离又比较近。

当目标体在远场中距离近场很近时，将超声换能器激励的声场等效为点声源的格林函数将会引入较大的误差。其主要原因在于超声换能器发射的超声波在近、远场交界附近才开始发散，而点声源的声场在声波离开源点后就一直处于发散状态，因此在空间分布上它们两者存在较大差异。

在这里我们通过对超声波空间分布区域的正演模拟，分析了在远场中距离近场较近区域声场的空间分布规律。根据空间分布规律结合点声源的格林函数，设计了在远场范围内，距离近场较近区域内声场满足的格林函数。

如果在声源平面中的振动速度分布已知，那么声源面的角谱可以表示为

$$S(\omega,k_x,k_y)=(1/2\pi)\iint w(\omega,x',y')\exp(-\mathrm{i}k_xx'-\mathrm{i}k_yy')\mathrm{d}x'\mathrm{d}y' \quad (13.27)$$

式中，$w(\omega,x',y')$ 是声源平面上点 (x',y') 处的振动速度函数，平面声源位于 $z=0$ 的坐标平面，k_x 和 k_y 是 x 和 y 方向的波数。容易看出，声源的角谱就是声源面上声场的二维傅里叶变换。

因此整个声场中的声压可以表示为（沈建国，2004）

$$P(\omega,x,y,z)=(\omega\rho_0/2\pi)\iint S(\omega,k_x,k_y)\exp(\mathrm{i}k_xx+\mathrm{i}k_yy+\mathrm{i}k_zz)/k_z\mathrm{d}k_x\mathrm{d}k_y \quad (13.28)$$

这里，ρ_0 表示质量密度。通过压电晶体材料的变迹控制技术，可以控制压电换能器表面的振动速度分布。实验中所用的超声换能器表面声场振动速度近似满足二维高斯分布规律。不妨假设声源表面振动速度服从高斯分布，则声源平面的振动速度函数可以表示为

$$w(\boldsymbol{r})=w(x',y')=A\exp\{-[(x'-x_0)/x_r]^2-[(y'-y_0)/y_r]^2\} \quad (13.29)$$

这里，A 表示振动速度函数的幅度，x_r 和 y_r 分别是沿着 x 轴和 y 轴声场高斯分布的方差，x_0 和 y_0 表示平面声源中心点的坐标。

把式（13.29）代入式（13.27）和（13.28），可以得到不同传播距离上垂直于 z 轴的每个切面上的声压分布。为了更直观地展示声场分布规律，考虑 $y=0$ 处的 xoz 二维平面。

根据式（13.27）～（13.29）计算了在不同的传播距离 z，在 $y=0$ 平面内沿着 x 轴方向的声压分布，如图 13.7 所示。其中 x_0 和 y_0 都等于 30mm，主频为 1MHz。

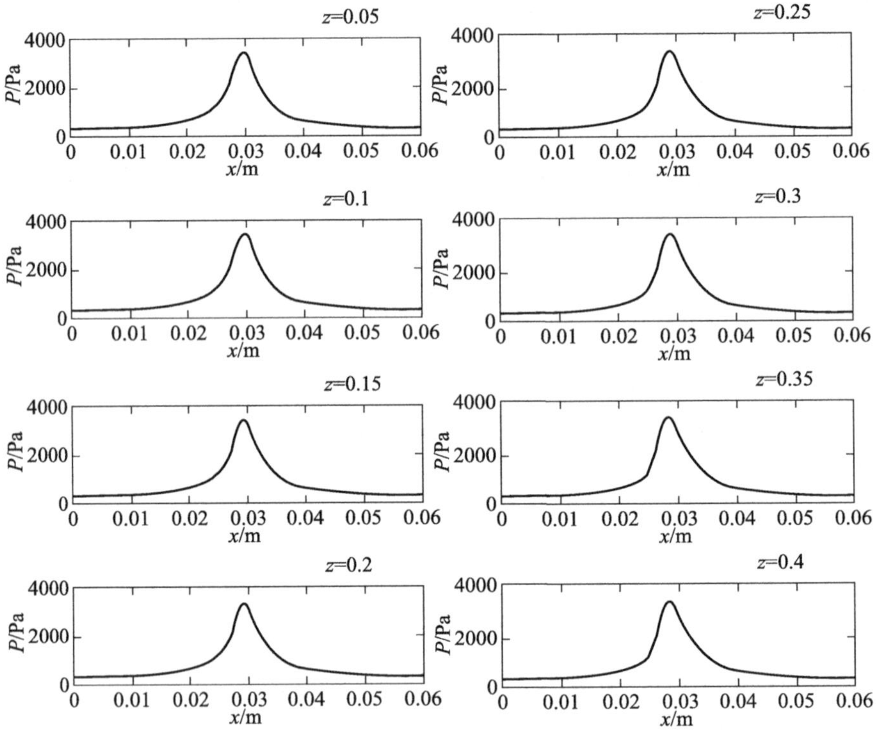

图 13.7　平面超声换能器的声场分布计算

从图中可以看出，在较近的区域内，超声幅度和分布范围随着传播距离的增加变化很小，且在一个对称轴（x 轴）上也基本服从高斯分布规律。仿真结果与张海澜计算的平面声源的辐射声场结果是一致的（张海澜，2007）。

根据声场分布特征，给出一种在特定频率 ω 下速度势满足的格林函数（Guo et al.，2014）

$$g(\boldsymbol{r},t \mid \boldsymbol{r}_0,0)=\exp\{-[(x'-x_0)/x_r]^2-[(y'-y_0)/y_r]^2\}\cdot\delta(t-|z-z_0|/c_s) \tag{13.30}$$

这里，$\boldsymbol{r}_0$ 表示声源面的中心点坐标 (x_0,y_0,z_0)，x_r 和 y_r 分别是沿着 x 轴和 y 轴声场高斯分布的方差，c_s 是声波的传播速度。在这里需要指出，该公式只对特定频率 ω 下位于远场内，且距离近场较近的区域是适用的。式（13.30）是格林函数，因此必须满足如下波动方程的初、边值问题。

$$
\begin{cases}
\nabla_n^2 g - \dfrac{1}{c_s^2}\dfrac{\partial^2 g}{\partial t^2} = 0, & r \in \Omega \\
\left.\dfrac{\partial g}{\partial t}\right|_{t=0} = c_s^2 w(\boldsymbol{r})\delta(\boldsymbol{r} - \boldsymbol{r}_\Sigma), & r \in \Omega \\
g = 0, & r \in \partial\Omega
\end{cases}
\tag{13.31}
$$

这里的区域Ω是声场计算区域，其边界为 $\partial\Omega$ 。$\boldsymbol{r}_\Sigma$代表声源平面上的点，Σ是声源平面，∇_n^2表示沿着与声源平面垂直方向的拉普拉斯算子。因此，格林函数g表示沿着n方向，也就是垂直于声源平面的方向传播的一束平面波。如果平面波沿着z方向传播，∇_n^2就是$\partial^2/\partial^2 z$ 。也可以说波动方程（13.31）描述了活塞状平面超声换能器产生的近似沿着z方向传播的一束平面波的格林函数，它在声源面上满足$w(x,y)$的二维分布。

参考文献

沈建国 . 2004. 应用声学基础——实轴积分法及二维谱技术 . 天津：天津大学出版社 .

王霜，刘国强，夏慧，等 . 2014. 三维磁声电成像技术的仿真分析研究 . 北京生物医学工程，33(3)：234-239.

张海澜 . 2007. 理论声学 . 北京：高等教育出版社 .

Blitz J，Simpson G. 1995. Ultrasonic methods of non-destructive testing. Berlin：Springer.

Carvalho A，Rebello J，Silva R，et al. 2006. Reliability of the manual and automatic ultrasonic technique in the detection of pipe weld defects. Insight-Non-Destructive Testing and Condition Monitoring，48(11)：649-654.

Guo L，Liu G Q，Xia H，et al. 2014. Conductivity reconstruction algorithms and numerical simulations for magneto-acousto-electrical tomography with piston transducer in scan mode. Chinese Physics B，23(10)：275-282.

Kuchment P，Kunyansky L. 2008. Mathematics of thermoacoustic tomography. Euro Jnl of Applied Mathematics，19(1)：191-224.

Kunyansky L. 2012. A mathematical model and inversion procedure for magneto-acousto-electric tomography. Inverse Problems，28(3)：35002-35022.

Zeng X P Liu G Q，Xia H. 2010. Steady state electromagnetic analysis of the forward problem for magneto-acoustic tomography. The 2nd International Conference on Information Science and Engineering，599-602.

第五篇　电压检测式磁声成像研究

第 14 章　互易场积分方程与电压类波动方程

互易定理常用来描述由一组已知的激励源和响应（该激励源产生的场）求解另一组与之独立的激励源产生的场问题。借助互易定理，可将已知激励源在感兴趣区域（目标体）中的复杂场问题的求解化为另一组激励源在同一区域中的相对较简单的场问题求解。通常，相对复杂的源和场对应实际过程，而相对简单的源和场对应虚拟过程，后续章节将虚拟过程命名为互易过程。

本章主要阐述从互易定理出发建立测量电压与互易场积分关系的过程（Xu et al.，2007；Haider et al.，2008；Zeng et al.，2010；夏慧等，2013），进一步阐述建立测量电压与互易磁力散度关系的过程（Kunyansky，2012）。上述关系既是电磁场正问题的求解公式，也是电磁场逆问题的求解公式，为图像重建带来了极大的方便。

14.1　实际过程的电磁场问题

瑞利-卡尔松（Reyleigh-Carson）互易定理，描述了两组场和源的关系。在线性各向同性介质中两组源 $\boldsymbol{J}_{e1}$ 和 $\boldsymbol{J}_{e2}$，在介质内同时或独立地分别产生场 $\boldsymbol{E}_1$ 和 $\boldsymbol{E}_2$，将区域考虑为包含源区的无限空间，有

$$\int_{\Omega}(\boldsymbol{J}_{e1}\cdot\boldsymbol{E}_2-\boldsymbol{J}_{e2}\cdot\boldsymbol{E}_1)\mathrm{d}\Omega=0 \tag{14.1}$$

这里，下标为 1 和 2 的物理量分别对应实际过程和互易过程的物理量。

如图 14.1 所示，目标体置于静磁场 $\boldsymbol{B}_0$ 中。

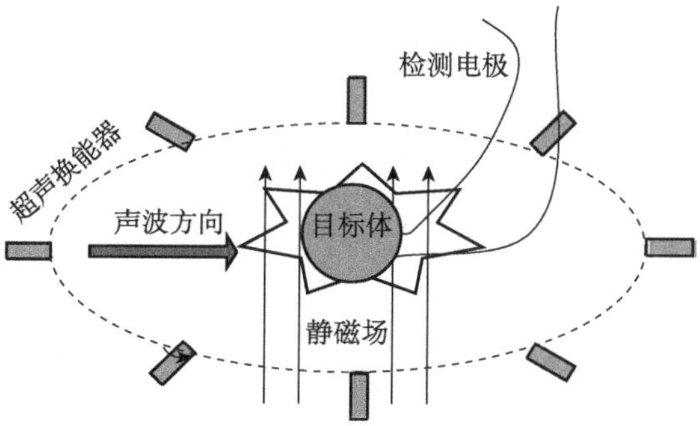

图 14.1　电压检测式磁声成像的原理图

超声脉冲作用于低电导率目标体产生质点振动速度 $\boldsymbol{v}$，在静磁场作用下产生等效电场源（$\boldsymbol{E}_{e1}=\boldsymbol{v}\times\boldsymbol{B}_0$），引起目标体中电流场分布。显然，实际过程指的就是由声场与静磁场激励在目标体中耦合产生电流场的过程。

设介质电导率为 σ，则对应的等效电流源为

$$\boldsymbol{J}_{e1}=\sigma\boldsymbol{v}\times\boldsymbol{B}_0 \tag{14.2}$$

式中，$\boldsymbol{B}_0$ 为外加静磁场的磁通密度，单位是特斯拉，符号为 T；σ 为电导率，单位是西［门子］/米，符号为 S/m；$\boldsymbol{J}_{e1}$ 为等效电流源的电流密度，单位是安［培］/平方米，符号为 A/m^2。

由于振动速度 $\boldsymbol{v}$ 是随时间变化的，因此等效电流源的电流密度 $\boldsymbol{J}_{e1}$ 也是随时间变化的，它在目标体内部及周围会产生电磁场。

将公式 $\boldsymbol{E}_1=-\nabla u_1-\dfrac{\partial \boldsymbol{A}_1}{\partial t}$ 代入到广义欧姆定律中，在磁准静态近似下忽略位移电流后，目标体中的总电流密度为

$$\begin{aligned}\boldsymbol{J}_T&=\sigma\boldsymbol{v}\times(\boldsymbol{B}_1+\boldsymbol{B}_0)+\sigma\boldsymbol{E}_1\\&=\sigma\boldsymbol{v}\times\boldsymbol{B}_1+\sigma\boldsymbol{v}\times\boldsymbol{B}_0-\sigma\nabla u_1-\sigma\frac{\partial \boldsymbol{A}_1}{\partial t}\end{aligned} \tag{14.3}$$

式中，$\boldsymbol{E}_1$ 为电场强度，单位是伏［特］/米，符号为 V/m；u_1 为电标位，单位是伏［特］，符号为 V。

对于低电导率目标体，通常交变磁场 $\boldsymbol{B}_1$ 的幅值小于静磁场 $\boldsymbol{B}_0$ 的幅值，在计算电场时，忽略 $\boldsymbol{E}_1$ 和 $\boldsymbol{J}_T$ 中的交变磁场相关的物理量（磁矢位 $\boldsymbol{A}_1$ 和磁通密度 $\boldsymbol{B}_1$），则有

$$\boldsymbol{E}_1\approx-\nabla u_1 \tag{14.4}$$

$$\boldsymbol{J}_T\approx\sigma\boldsymbol{v}\times\boldsymbol{B}_0-\sigma\nabla u_1 \tag{14.5}$$

式（14.4）意味着，等效电流源激发的电场近似为库仑电场，感应电场非常小可以忽略，相当于采用了电准静态近似，即有

$$\nabla\times\boldsymbol{E}_1\approx 0 \tag{14.6}$$

由电流连续性定理，可以导出目标体的电位满足泊松方程，为

$$\nabla\cdot(\sigma\nabla u_1)=\nabla\cdot(\sigma\boldsymbol{v}\times\boldsymbol{B}_0)$$

边界条件为

$$\sigma\frac{\partial u_1}{\partial n}\bigg|_\Gamma=\sigma\boldsymbol{v}\times\boldsymbol{B}_0\cdot\boldsymbol{n}\big|_\Gamma$$

所以，实际过程对应的电磁场问题为

$$\begin{cases}\nabla\cdot(\sigma\nabla u_1)=\nabla\cdot(\sigma \boldsymbol{v}\times\boldsymbol{B}_0)\\ \sigma\left.\dfrac{\partial u_1}{\partial n}\right|_{\Gamma}=\sigma\boldsymbol{v}\times\boldsymbol{B}_0\cdot\boldsymbol{n}|_{\Gamma}\end{cases} \tag{14.7}$$

其中，Γ 为区域 Ω 的边界。

14.2 互易过程的电磁场问题

互易过程指的是：将声场和静磁场去除，且边界 Γ 上 a_i 和 b_i 处的测量电极改为激励电极，注入 I_iA 的直流电流，这里 $i=1,2,\cdots,N$ 。

记注入电流函数为

$$I(\boldsymbol{r})=\sum_{i=1}^{N}I_i[\delta(\boldsymbol{r}-\boldsymbol{r}_{a_i})-\delta(\boldsymbol{r}-\boldsymbol{r}_{b_i})] \tag{14.8}$$

类似地，可以导出目标体内的电位满足（刘国强，2006）

$$\begin{cases}\nabla\cdot(\sigma\nabla u_2)=I(\boldsymbol{r})\\ \sigma\left.\dfrac{\partial u_2}{\partial n}\right|_{\Gamma}=0\end{cases} \tag{14.9}$$

对应的电流密度为

$$\boldsymbol{J}_2=-\sigma\nabla u_2 \tag{14.10}$$

这里，u_2 为互易电位，$\boldsymbol{J}_2$ 为互易电流密度。

14.3 互易场积分方程

14.3.1 互易电流场积分方程

式（14.7）中，振动速度是时间的函数，电位分布 u_1 也是时间的函数。式（14.9)的激励源是直流，对应的电场是恒定电流场。

将式（14.7）和（14.9）代入第二格林公式

$$\int_{\Omega}u_2\nabla\cdot(\sigma\nabla u_1)-u_1\nabla\cdot(\sigma\nabla u_2)\mathrm{d}\Omega=\int_{\Gamma}\sigma\left(u_2\frac{\partial u_1}{\partial n}-u_1\frac{\partial u_2}{\partial n}\right)\mathrm{d}\Gamma$$

有

$$\int_{\Omega}u_2\nabla\cdot(\sigma\boldsymbol{v}\times\boldsymbol{B}_0)\mathrm{d}\Omega-\int_{\Omega}u_1I(\boldsymbol{r})\mathrm{d}\Omega=\int_{\Gamma}\sigma u_2\boldsymbol{v}\times\boldsymbol{B}_0\cdot\boldsymbol{n}\mathrm{d}\Gamma$$

进一步，有

$$\int_{\Omega}\nabla\cdot(u_2\sigma\boldsymbol{v}\times\boldsymbol{B}_0)\mathrm{d}\Omega-\int_{\Omega}\sigma\nabla u_2\cdot(\boldsymbol{v}\times\boldsymbol{B}_0)\mathrm{d}\Omega-\int_{\Omega}u_1I(\boldsymbol{r})\mathrm{d}\Omega=\int_{\Gamma}\sigma u_2\boldsymbol{v}\times\boldsymbol{B}_0\cdot\boldsymbol{n}\mathrm{d}\Gamma \tag{14.11}$$

利用散度定理，有

$$\int_{\Omega}\nabla\cdot(u_2\sigma\boldsymbol{v}\times\boldsymbol{B}_0)\mathrm{d}\Omega=\int_{\Gamma}\sigma u_2\boldsymbol{v}\times\boldsymbol{B}_0\cdot\boldsymbol{n}\mathrm{d}\Gamma \tag{14.12}$$

将式（14.10）和（14.12）代入式（14.11），有

$$\int_{\Omega}u_1I(\boldsymbol{r})\mathrm{d}\Omega=\int_{\Omega}\boldsymbol{J}_2\cdot(\boldsymbol{v}\times\boldsymbol{B}_0)\mathrm{d}\Omega$$

将式（14.8）代入到如下定义的测量函数

$$M=\int_{\Omega}u_1I(\boldsymbol{r})\mathrm{d}\Omega$$

有

$$M=\int_{\Omega}u_1\sum_{i=1}^{N}I_i[\delta(\boldsymbol{r}-\boldsymbol{r}_{a_i})-\delta(\boldsymbol{r}-\boldsymbol{r}_{b_i})]\mathrm{d}\Omega=\sum_{i=1}^{N}u_{1a_ib_i}I_i \tag{14.13}$$

显然，这里 $u_{1a_ib_i}$ 指的是在实际过程中电极 a_i 和 b_i 测量到的电压。则有

$$M=\sum_{i=1}^{N}u_{1a_ib_i}I_i=\int_{\Omega}\boldsymbol{J}_2\cdot(\boldsymbol{v}\times\boldsymbol{B}_0)\mathrm{d}\Omega$$

若考虑只在 a 、b 处有一对电极，其中通入 IA 电流，则有

$$M=Iu_{1ab}=\int_{\Omega}\boldsymbol{J}_2\cdot(\boldsymbol{v}\times\boldsymbol{B}_0)\mathrm{d}\Omega \tag{14.14}$$

若考虑通入单位安培电流，则有

$$u_{1ab}=\int_{\Omega}\boldsymbol{J}_2\cdot(\boldsymbol{v}\times\boldsymbol{B}_0)\mathrm{d}\Omega \tag{14.15a}$$

上面两式中，互易电流密度 $\boldsymbol{J}_2$ 的含义是不同的，分别表示在测量电极 a 、b 处通入 IA 或单位安培电流时目标体中的电流密度分布。

考虑到测量电压 u_{1ab} 是时间 t 的函数，$\boldsymbol{v}$ 是时间 t 和空间 $\boldsymbol{r}$ 的函数，$\boldsymbol{J}_2$ 是空间 $\boldsymbol{r}$ 的函数，式（14.15a）也可以写成如下更为清晰的表达式

$$u_{1ab}(t)=\int_{\Omega}\boldsymbol{J}_2(\boldsymbol{r})\cdot(\boldsymbol{v}(\boldsymbol{r},t)\times\boldsymbol{B}_0)\mathrm{d}\Omega \tag{14.15b}$$

式（14.15）描述的就是实际过程的测量电压 u_{1ab} 与互易电流密度分布 $\boldsymbol{J}_2$ 的积分关系式，该积分式中包含用振动速度 $\boldsymbol{v}$ 表示的声场和静磁场 $\boldsymbol{B}_0$。从式（14.15）还可以看出，电压检测式磁声成像测量电压信号的大小取决于 $\boldsymbol{v}\times\boldsymbol{B}_0$ 与 $\boldsymbol{J}_2$ 两个矢量点乘的积分。因此，在各个量大小一定的情况下，$\boldsymbol{v}$ 和 $\boldsymbol{B}_0$ 垂

直，并且当 $\boldsymbol{v}\times\boldsymbol{B}_0$ 与 $\boldsymbol{J}_2$ 的夹角越小时，积分值就越大，测量的信号就越强。同时，如果振动速度 $\boldsymbol{v}$ 只分布在很小的区域内，例如采用聚焦超声，那么在整个区域内的积分就可以简化为超声聚焦小范围内的积分，从而给正、逆问题的计算带来很大的方便。

14.3.2 互易磁力散度积分方程

取速度 $\boldsymbol{v}$ 的势为 φ ，则有

$$\boldsymbol{v}=\frac{1}{\rho_0}\nabla\varphi \tag{14.16}$$

此处，ρ_0 是介质静态密度，代入式（14.14），则有

$$M=\int_\Omega\frac{\boldsymbol{J}_2}{\rho_0}\cdot(\nabla\varphi\times\boldsymbol{B}_0)\mathrm{d}\Omega=\int_\Omega\frac{\boldsymbol{B}_0}{\rho_0}\cdot\boldsymbol{J}_2\times\nabla\varphi\mathrm{d}\Omega$$

进一步，可以将测量函数分为两项，有

$$M=\int_\Omega\frac{\boldsymbol{B}_0}{\rho_0}\cdot\varphi\nabla\times\boldsymbol{J}_2\mathrm{d}\Omega+\int_\Omega-\frac{\boldsymbol{B}_0}{\rho_0}\cdot\nabla\times(\varphi\boldsymbol{J}_2)\mathrm{d}\Omega \tag{14.17}$$

其中第一项为

$$M_\Omega=\int_\Omega\frac{\boldsymbol{B}_0}{\rho_0}\cdot\varphi\nabla\times\boldsymbol{J}_2\mathrm{d}\Omega$$

或

$$M_\Omega=\int_\Omega\frac{\varphi}{\rho_0}\nabla\times\boldsymbol{J}_2\cdot\boldsymbol{B}_0\mathrm{d}\Omega=\int_\Omega\frac{\varphi}{\rho_0}\nabla\cdot(\boldsymbol{J}_2\times\boldsymbol{B}_0)\mathrm{d}\Omega$$

若记 $\boldsymbol{F}_2=\boldsymbol{J}_2\times\boldsymbol{B}_0$ ，则有

$$M_\Omega=\int_\Omega\frac{\varphi}{\rho_0}\nabla\cdot\boldsymbol{F}_2\mathrm{d}\Omega$$

对照 4.1.1 节的定义，这里可以将 $\boldsymbol{F}_2$ 看成由互易电流和静磁场相互作用产生的“洛伦兹力”，本书称为互易洛伦兹力，$\nabla\cdot\boldsymbol{F}_2$ 称为互易洛伦兹力的散度，简称互易磁力散度。

对于声学特性均匀介质，且处于均匀静磁场中，则第二项可以写为

$$M_\Gamma=-\frac{\boldsymbol{B}_0}{\rho_0}\cdot\int_\Omega\nabla\times(\varphi\boldsymbol{J}_2)\mathrm{d}\Omega=\frac{\boldsymbol{B}_0}{\rho_0}\cdot\int_\Gamma\varphi\boldsymbol{J}_2\times\boldsymbol{n}\mathrm{d}\Gamma$$

在某些情况，例如，在某个时刻，振动速度势在目标体外边界处为零，则第二项为零，式（14.17）可以简化为

$$M=M_\Omega$$

类似地，若考虑只在 a 、b 处有一对电极，其中通入单位安培电流，则有

$$u_{1ab}=\int_{\Omega}\frac{\varphi}{\rho_0}\nabla\times\boldsymbol{J}_2\cdot\boldsymbol{B}_0\mathrm{d}\Omega=\int_{\Omega}\frac{\varphi}{\rho_0}\nabla\cdot(\boldsymbol{J}_2\times\boldsymbol{B}_0)\mathrm{d}\Omega=\int_{\Omega}\frac{\varphi}{\rho_0}\nabla\cdot\boldsymbol{F}_2\mathrm{d}\Omega \tag{14.18a}$$

与式（14.15a）类似，式（14.18a）也可以写成如下更为清晰的表达式

$$\begin{aligned}u_{1ab}(t)&=\int_{\Omega}\frac{\varphi(\boldsymbol{r},t)}{\rho_0}\nabla\times\boldsymbol{J}_2(\boldsymbol{r})\cdot\boldsymbol{B}_0\mathrm{d}\Omega\\&=\int_{\Omega}\frac{\varphi(\boldsymbol{r},t)}{\rho_0}\nabla\cdot(\boldsymbol{J}_2(\boldsymbol{r})\times\boldsymbol{B}_0)\mathrm{d}\Omega\\&=\int_{\Omega}\frac{\varphi(\boldsymbol{r},t)}{\rho_0}\nabla\cdot\boldsymbol{F}_2(\boldsymbol{r})\mathrm{d}\Omega\end{aligned} \tag{14.18b}$$

式（14.18）描述的就是实际过程的测量电压 u_{1ab} 与互易磁力散度 $\nabla\cdot\boldsymbol{F}_2$（或互易电流密度的旋度 $\nabla\times\boldsymbol{J}_2$ ）的积分关系式，该积分式中包含有用振动速度势 φ 表示的声场、静磁场 $\boldsymbol{B}_0$ 和声学特性参数 ρ_0 。

14.4 电压类波动方程

参考 5.1.1 节，对于磁力散度源 $\nabla\cdot\boldsymbol{F}$ ，以 $\delta(t)$ 函数激励的声压 $p(\boldsymbol{r},t)$ 满足如下波动方程

$$\begin{cases}\nabla^2p-\dfrac{1}{c_s^2}\dfrac{\partial^2p}{\partial t^2}=-\nabla\cdot\boldsymbol{F}(\boldsymbol{r})\delta(t)\\p|_{\infty}=0\\p|_{t=0}=0\\\left.\dfrac{\partial p}{\partial t}\right|_{t=0}=0\end{cases}$$

其中，c_s 为声波传播速度。

波动方程的格林函数积分解为

$$p(\boldsymbol{r},t)=\int_{\Omega}\nabla\cdot\boldsymbol{F}(\boldsymbol{r}')G(\boldsymbol{r},t|\boldsymbol{r}',0)\mathrm{d}\Omega \tag{14.19}$$

其中，$\boldsymbol{r}'$表示源点，$\boldsymbol{r}$ 表示场点。$G(\boldsymbol{r},t|\boldsymbol{r}',0)$ 表示点源激励下声压 $p(\boldsymbol{r},t)$ 的格林函数。

为了表述的方便，将式（14.18b）写为

$$u_{1ab}(t)=\int_{\Omega}\frac{\varphi(\boldsymbol{r}',t)}{\rho_0}\nabla\cdot\boldsymbol{F}_2(\boldsymbol{r}')\mathrm{d}\Omega \tag{14.20}$$

注意到电压 u_{1ab} 除了是时间的函数以外，还是与超声换能器激励位置有关的函数。用 $\boldsymbol{r}$ 表示超声换能器所在点的位置，每更换一次超声换能器的位置 $\boldsymbol{r}$，就会激发出相应的速度势，测得相应的电压信号 $u_{1ab}(t)$，因此，可以将它改写为 $u(\boldsymbol{r},t)$。

当把超声换能器等效为点源以 $\delta(t)$ 函数激励时，在无穷远边界条件下，$\varphi(\boldsymbol{r}',t)$ 恰好可用点源的格林函数表示，它是由位于 $\boldsymbol{r}$ 的点声源激励的，即

$$\varphi(\boldsymbol{r}',t)=G(\boldsymbol{r}',t|\boldsymbol{r},0)$$

则式（14.20）变为

$$u(\boldsymbol{r},t)=\int_{\Omega}\frac{1}{\rho_0}\nabla\cdot\boldsymbol{F}_2(\boldsymbol{r}')G(\boldsymbol{r}',t|\boldsymbol{r},0)\mathrm{d}\Omega$$

由于格林函数满足对称性，上式进一步变为

$$u(\boldsymbol{r},t)=\int_{\Omega}\frac{1}{\rho_0}\nabla\cdot\boldsymbol{F}_2(\boldsymbol{r}')G(\boldsymbol{r},t|\boldsymbol{r}',0)\mathrm{d}\Omega \tag{14.21}$$

对于式（14.21）和（14.19），互易磁力散度与磁力散度类比，电压和声压类比，除了相差常数 ρ_0 外，二者具有相同的积分表示形式。由此可以推出，电压应该满足如下方程

$$\begin{cases}\nabla^2 u-\dfrac{1}{c_s^2}\dfrac{\partial^2 u}{\partial t^2}=-\dfrac{1}{\rho_0}\nabla\cdot\boldsymbol{F}_2(\boldsymbol{r})\delta(t)\\ u|_{\infty}=0\\ u|_{t=0}=0\\ \left.\dfrac{\partial u}{\partial t}\right|_{t=0}=0\end{cases} \tag{14.22}$$

需要说明的是，通常的波动方程描述的是某种物理场实际传播的过程。而式（14.22)中物理量是电压，但 c_s 不是电磁波的传播速度，而是由实际过程的点声源激励而产生的声波的传播速度。式（14.22）描述的并非电磁场传播的过程，更不是真实的物理过程，仅在形式上类似“波动方程”，因此，在这里将之命名为“电压类波动方程”。

若令

$$q(\boldsymbol{r})=\nabla\cdot\boldsymbol{F}_2(\boldsymbol{r})/\rho_0 \tag{14.23}$$

则 $q(\boldsymbol{r})\delta(t)$ 可以看成电压类波动方程的“源项”，由它产生的电压以声波的速度 c_s 传播。$q(\boldsymbol{r})$ 是互易磁力散度的 $1/\rho_0$，是“源项”的空间分量，简称“场源”。显然，互易磁力散度积分方程正是电压类波动方程的积分解。

参考文献

刘国强．2006. 医学电磁成像．北京：科学出版社．

夏慧，刘国强，黄欣，等．2013. 基于互易定理的二维磁声电成像系统．电工技术学报，28(7)：163-168.

Haider S，Hrbek A，Xu Y. 2008. Magneto-acousto-electrical tomography：a potential method for imaging current density and electrical impedance. Physiological Measurement，29(6)：S41-50.

Kunyansky L. 2012. A mathematical model and inversion procedure for magneto-acousto-electric tomography. Inverse Problems，28(3)：35002-35022.

Xu Y，Haider S，Hrbek A. 2007. Magneto-acousto-electrical tomography：a new imaging modality for electrical impedance. ICEBI，IFMBE Proceedings，17：292-295.

Zeng X P，Liu G Q，Xia H. 2010. Steady state electromagnetic analysis of the forward problem for magneto-acoustic tomography. The 2nd International Conference on Information Science and Engineering，599-602.

第 15 章　电磁场正问题

电压检测式磁声成像的电磁场正问题指的是：已知声场和静磁场在目标体内部耦合作用产生的等效电流源，求解目标体表面测量电极的电位差（书中统称为“电压”）。

在第 14 章中给出了实际过程的泊松方程，可以作为电磁场正问题的计算公式。直接求解实际过程泊松方程的方法（Zeng et al.，2010；夏慧等，2015），称为直接法。此外，互易场积分方程和电压类波动方程也可以用于计算电磁场正问题，称为互易法。它们是等价的，是从不同的角度描述了声场和静磁场激励下目标体电极测量电压的物理过程。

15.1　直接法求电压

已知目标体的电导率分布、振动速度 $\boldsymbol{v}$ 和静磁场 $\boldsymbol{B}_0$，采用数值计算方法求解式（14.7），可以得到电位分布 u_1，进一步可得到测量电极间的电压 u_{1ab}。利用 COMSOL 软件可以非常方便地获得电位分布，此处不再详述。

本节对式（14.7）中的方程进行一些变换和分析，寻求该方程隐含的规律。将方程右端的源项展开，可得

$$\begin{aligned}\nabla\cdot(\sigma\nabla u_1) &= \nabla\cdot(\sigma\boldsymbol{v}\times\boldsymbol{B}_0)\\ &= (\boldsymbol{v}\times\boldsymbol{B}_0)\cdot\nabla\sigma+\sigma(\nabla\times\boldsymbol{v})\cdot\boldsymbol{B}_0-\sigma\boldsymbol{v}\cdot(\nabla\times\boldsymbol{B}_0)\end{aligned}\tag{15.1}$$

假定目标体所处的静磁场均匀分布，在流体中传播时只有纵波没有横波，所以有

$$\nabla\times\boldsymbol{B}_0=0$$

$$\nabla\times\boldsymbol{v}=0$$

式（15.1）可简化为

$$\nabla\cdot(\sigma\nabla u_1)=(\boldsymbol{v}\times\boldsymbol{B}_0)\cdot\nabla\sigma\tag{15.2}$$

根据式（15.2），泊松方程右端项与电导率梯度有关（Guo et al.，2014）。当电导率的空间分布存在梯度时，公式右端源项不为 0，会产生相应的标量电势场。如果电导率是均匀的，考虑无穷远边界条件或零电位边界条件，那么两个电极之间不存在可测的电压。如果电导率是分段连续的，进行数值计算时，在两种

均匀电导率的交界面处电导率的梯度无穷大，存在奇异性。考虑实际情况，在电导率交界面处会产生出较强的电压信号。

15.2　互易法求电压

首先，求解互易过程的电磁场问题，通过求解式（14.9）和（14.10），获得互易电位 u_2 ，互易电流密度 $\boldsymbol{J}_2$，进而获得互易洛伦兹力 $\boldsymbol{F}_2$。

接下来，将互易电流密度 $\boldsymbol{J}_2$ 代入互易电流场积分方程，或将互易洛伦兹力 $\boldsymbol{F}_2$ 代入互易磁力散度积分方程中，得到测量电极处的电压 u_{1ab} 。这正是式（14.15）和（14.18）所表达的。

注意到互易过程的电磁场问题实际上是恒定电流场问题，因此有

$$\nabla\rho\times\boldsymbol{J}_2+\rho\nabla\times\boldsymbol{J}_2=0$$

式中，ρ 为电阻率。

对于电阻率均匀介质，有 $\nabla\times\boldsymbol{J}_2=0$ ，根据互易磁力散度积分方程可知，两个电极之间不存在可测的电压。此结论与实际过程泊松方程导出的结果是一致的。

与互易场积分方程求解方法类似，首先需要获得互易洛伦兹力 $\boldsymbol{F}_2$。

接下来，求解电压类波动方程，得到电压时空分布，从而得到测量电极处的电压 u_{1ab} 。

由于电压类波动方程（14.22）与声压波动方程形式类似，可以采用相同的求解方法。如格林函数积分解（参考 5.1 节）、声场正问题的数值方法（参考 5.2 节），当然，对于声学特性均匀介质，也可以推导相应的解析解（参考 5.1 节）。

15.3　直接法和互易法的数值实验

15.3.1　平面模型

考虑长 10mm，宽 5mm，厚度 1mm，电导率为 5.99×10^7S/m 的铜片，由于厚度小，可以看成平面目标体，为此建立了二维仿真模型，如图 15.1 所示。

为简化问题，设超声波垂直铜片平面注入（垂直纸面方向，即 z 方向），这样并不涉及声场计算，设已知振动速度为 1m/s；假设超声波的焦斑大小与图中圆圈大小一致，为半径为 1mm 的圆形区域，超声波沿着样本平面扫描，扫描位置为图中所示的圆圈位置；静磁场沿 x 轴，磁通密度为 1T；局部电场源为 $\boldsymbol{E}'=\boldsymbol{e}_z\times\boldsymbol{e}_x=\boldsymbol{e}_y$ 。

将测量电极 a、b 放在图 15.1 中的对角两点，固定超声波扫描点，采用有限元法求解实际过程的泊松方程，即求解式（14.7），可得到超声波注入各扫描区

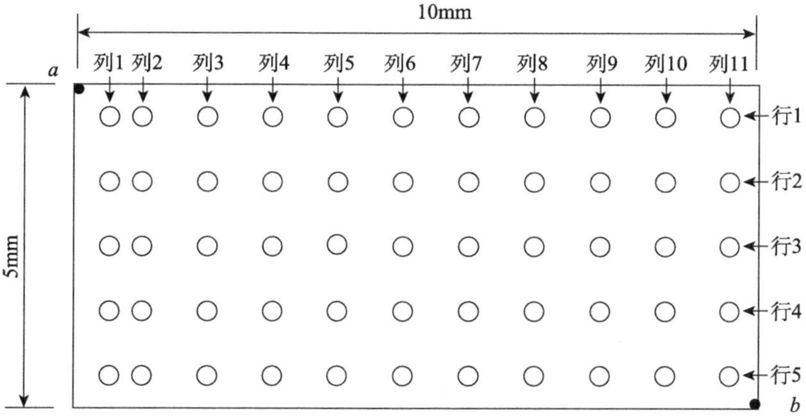

图 15.1 二维仿真模型几何图

域时在对角的电极测量电压值 u_{1ab} 。依次移动超声波探头扫描，最后得到各扫描点对应的电压值，如表 15.1 所示。

采用有限元方法求解互易过程的电磁场问题，得到单位电流通入铜片后其中的电流密度分布，也就得到了图 15.1 中各圆形区域中电流密度分布的 y 分量，采用式（14.15）求出对应的积分值，即电压值 u_{1ab} 如表 15.2 所示。

表 15.1 电极 a、b 处测得 u_{1ab}（μV）的数值结果

行／列	1	2	3	4	5
1	−197	−110	−60.3	−31.5	−9.85
2	−76.9	−82.9	−52.8	−28.8	−9.18
3	−20.8	−3.95	−34.0	−21.2	−7.09
4	−8.51	−19.5	−20.2	−14.2	−4.99
5	−4.55	−11.3	−13.0	−9.91	−3.65
6	−3.38	−0.881	−10.9	−8.82	−3.38
7	−3.65	−0.990	−13.0	−11.3	−4.55
8	−5.00	−14.1	−20.2	−19.5	−8.50
9	−7.09	−21.2	−34.0	−39.5	−8.50
10	−9.19	−28.8	−52.8	−82.9	−76.9
11	−9.86	−31.4	−60.3	−110	−197

表 15.2 由 J_2 得到 u_{1ab}（μV）的数值结果

行／列	1	2	3	4	5
1	−197	−111	−61.5	−31.4	−9.85
2	−77.1	−83.5	−53.7	−28.8	−9.18
3	−20.9	−39.8	−34.6	−21.2	−7.09
4	−8.51	−19.7	−20.5	−14.1	−4.99

续表

列＼行	1	2	3	4	5
5	−4.55	−11.4	−13.1	−9.90	−3.65
6	−3.38	−8.82	−11.0	−8.80	−3.38
7	−3.65	−9.80	−12.9	−11.3	−4.55
8	−5.00	−13.9	−19.7	−19.5	−8.50
9	−7.09	−20.8	−33.2	−39.5	−20.7
10	−9.19	−28.4	−52.4	−82.9	−76.9
11	−9.86	−31.0	−59.5	−110	−197

对照表 15.1 和表 15.2，可以看出，表 15.2 中计算出的积分值和表 15.1 中仿真出的 u_{1ab} 结果吻合得非常好，减小网格大小，则误差也减小，由此可知，误差是由网格剖分引起的。变换测量电极 a、b 的位置以及变换铜片的形状和电导率分布进行仿真，二者依旧吻合得好。反之，对表 15.1 利用式（14.15）也可以得出电流密度分布在各区域的平均值，与互易过程的电磁场问题得到的电流密度 y 分量的平均值对比，二者同样吻合得好。至此，本节从数值计算角度验证了采用互易场积分方程计算电磁场正问题的正确性（Zeng et al.，2010）。

15.3.2　环形分布源模型

对于式（14.22）给出的电压类波动方程，可以推导出解析解。给定电导率如图 15.2（a）所示，整个区域是边长为 0.1m 的正方形。分布源均匀分布在位于正方形中心的圆环上，半径为 2cm、环宽为 5mm。圆环上分布源的值为 1，其他位置为 0。利用解析方法，求解电压类波动方程，计算得到坐标（0，0）处的场量随时间变化的波形如图 15.2（b）所示，其中横轴是时间，纵轴代表幅度。

容易发现，类波动场在检测点处出现两个峰值。如果用一条直线连接检测点与环形分布源的圆心，这条直线与环形分布源相交于两个点。在这两个交点处的分布源激发的类波动场传播到检测点时，会分别产生两个较大的峰值。这两个峰值之间的时间间隔应该是类波动场按照波速 1500m/s 通过分布源直径所用的时间。由于环形分布源的直径为 2cm，所以两个峰值的时间应该是 13.3μs，这与图中的时间间隔是吻合的。计算结果与超声检测式磁声成像中分布声源激发的声场传播现象是一致的（黄欣，2013）。

如果考虑点源在三维空间激励的类波动场，其波前面是球面，满足格林函数。利用该格林函数，可以得到类波动场的格林函数解。格林函数中的 Dirac 函数还可以将积分方程中的体积分降维到球面的面积分。因此有

$$u(\boldsymbol{r},t)=\int_{\Omega}q(\boldsymbol{r}')\frac{\delta\left(t-\dfrac{|\boldsymbol{r}-\boldsymbol{r}'|}{c_s}\right)}{4\pi|\boldsymbol{r}-\boldsymbol{r}'|}\mathrm{d}\Omega=\int_{\Sigma}\frac{q(\boldsymbol{r}')}{4\pi c_s t}\mathrm{d}\Sigma \tag{15.3}$$

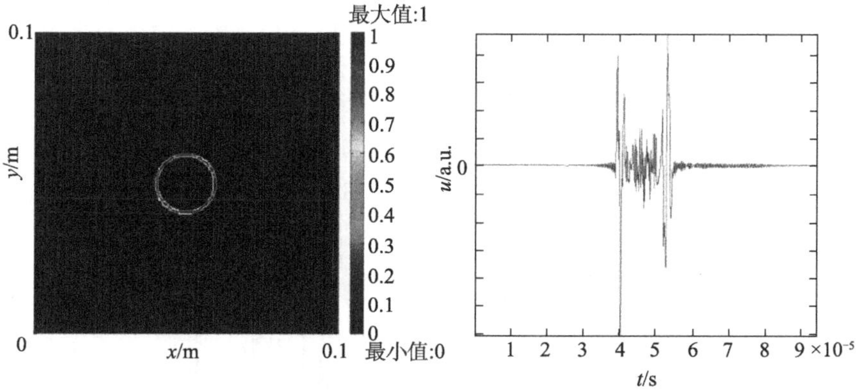

(a) 分布源原始分布图　　　(b) 解析解计算的场量

图 15.2　环形分布源与解析解

曲面积分的示意图如图 15.3 所示。Ω 是目标区域，Σ 是积分球面，P 是场点 $\boldsymbol{r}$，也是积分球面的圆心。在任意时刻 t，积分球面的直径为 c_st，在这个球面上的点经过时间 t 将同时到达场点 $\boldsymbol{r}$。

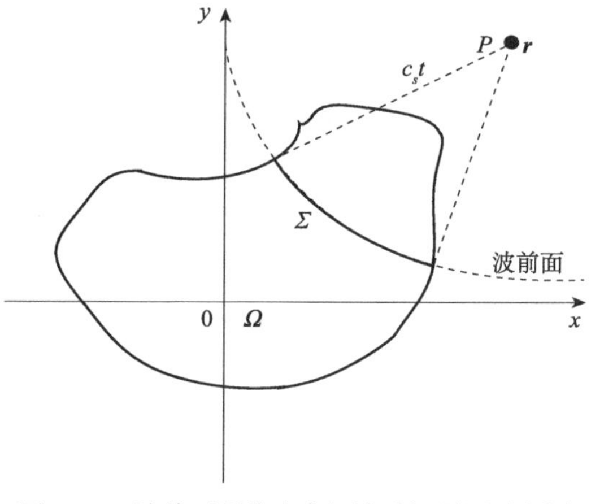

图 15.3　波前面积分法求解波动场原理示意图

在数学上，函数的曲面或弧线积分可以认为是该函数在曲面或者弧线上的 Radon 变换（Finch et al.，2004）。从此意义上讲，分布源激励的场可以看作是若干个曲面（三维）或若干条弧线（二维）上的 Radon 变换。

采用与图 15.2（a）相同的计算模型，利用球面积分法计算相同坐标点（0，0）处的波动场值，计算结果如图 15.4 中虚线所示。图 15.4 中实线是利用解析解求得的结果。

通过对比发现，在用两种方法计算的结果中，均在相距 13μs 左右出现了两

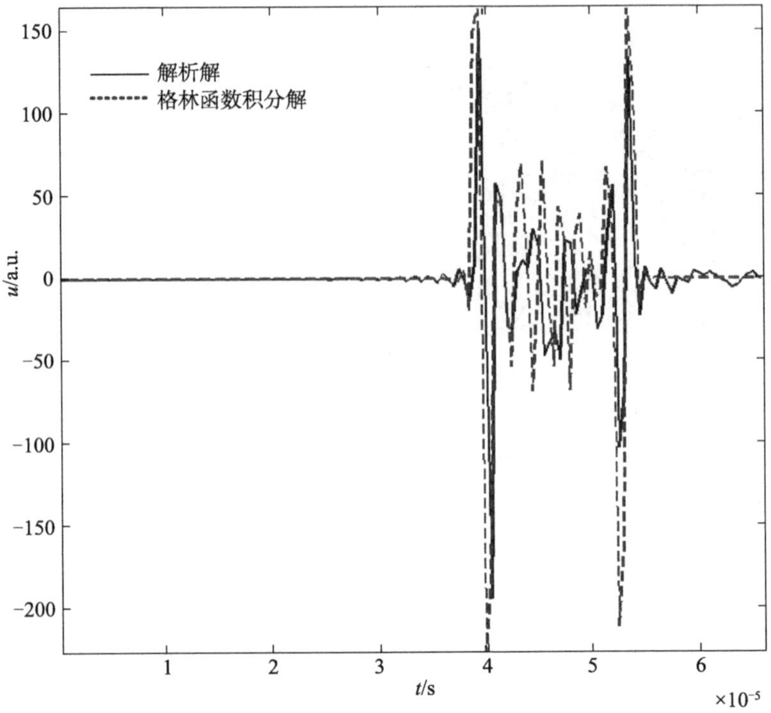

图 15.4　分布源波动方程的解析解和格林函数积分解计算结果对比

个峰值。由于在进行积分解和解析解计算时，划分网格的方式是不同的，所以导致两者计算结果存在一定的离散误差。从两个峰值之间的信号来看，二者总体变化规律是基本一致的。

经过数值对比和验证发现，利用解析解和积分解分别计算的结果是基本吻合的，在一定程度上验证了互易场积分方程法（积分解）与电压类波动场解析解的等价性。

15.4　油水两相管流模型电磁场分析

本节将以油水两相管流模型为研究对象，在新的扫描方式下，用这两种方法分别计算电压信号，并通过数值计算进行仿真和验证（Guo et al.，2014）。

如图 15.5 所示为一个矩形横截面的管道，横截面尺寸为 3cm×6cm，静磁场方向与流体的流动方向都沿着 y 轴方向，在左侧面用若干平面超声换能器沿着 x 方向以扫描方式向管道内成像区域发射沿 z 方向传播的超声波，假设超声换能器直径为 10mm，扫描步长为 $\Delta x = 1\text{mm}$ ，两个平板电极分别位于成像区域上下两个边界面上。

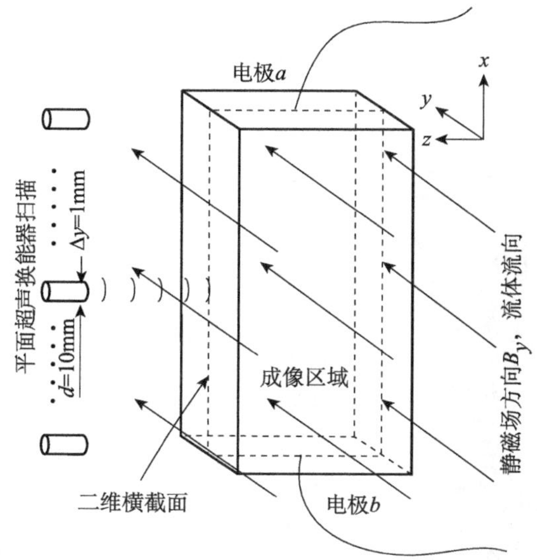

图 15.5 矩形管道单侧声扫描模型示意图

实际上超声波是在三维空间中传播的，但是由于三维模型计算量太大，在这里只对垂直于静磁场方向的二维截面进行仿真研究。借鉴超声层析成像的二维模型假设，超声波沿着 y 轴分布的范围很小，在很小的分布范围内，电导率、静磁场不随 y 轴的变化而变化。取垂直于 y 轴且与超声换能器扫描路线共面的二维截面，则式（14.15）中的三维空间积分可退变为平面内的二维积分。仿真模型如图 15.5 所示，其中虚线框所示的就是该二维截面。

在工业超声层析成像领域中，为了提高超声激励的幅度，通常采用活塞状的平面超声换能器，它可以等效为平面声源。这种活塞状超声换能器也是组成 B 型超声扫描成像的主要元件。

以声场格林函数作为激励，我们将研究在矩形横截面的管道模型中磁声电耦合场的数值计算。

给定初始电导率分布如图 15.6（a）所示。在成像区域内有两个空间上服从高斯分布的倾斜椭圆电导率异常体，背景电导率为 0.1 S/m，异常电导率最大值为 1 S/m。电导率分布函数由下式给出

$$\begin{aligned}\sigma = 0.1 &+ \exp\{-[(x-x_1)\cos\varphi+(y-y_1)\sin\varphi/3]^2/c_1^2\\&+[-(x-x_1)\sin\varphi+(y-y_1)\cos\varphi/3]^2/c_1^2\}\\&+\exp\{-[(x-x_2)\cos\varphi+(y-y_2)\sin\varphi/3]^2/c_2^2\\&+[-(x-x_2)\sin\varphi+(y-y_2)\cos\varphi/3]^2/c_2^2\}\end{aligned}$$

两个电导率异常区域分别是方差为 $c_1 = c_2 = 0.0009\text{m}$，中心位于 $x_1 =$

0.02m，$y_1 = 0.045$m，$x_2 = 0.01$m，$y_2 = 0.02$m 的两个平面高斯分布函数。电导率分布函数中 $\varphi = 45°$ 是椭圆的倾斜角度。

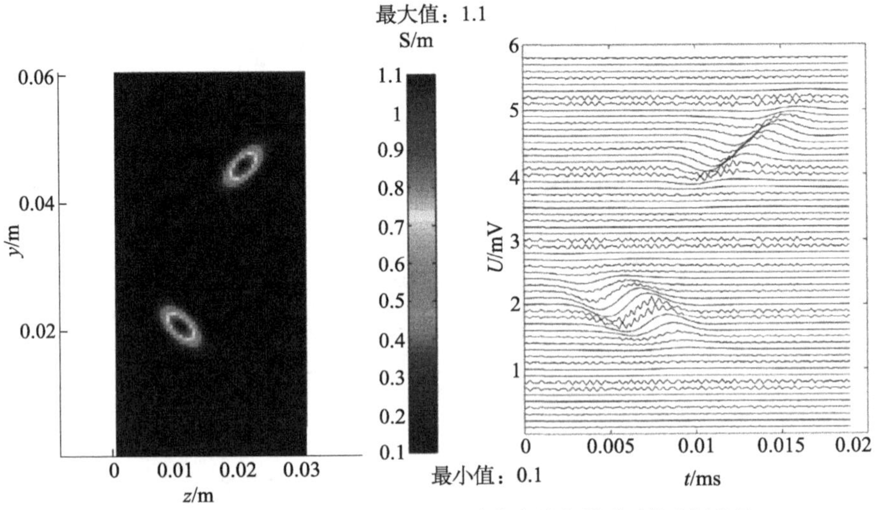

(a) 原始电导率分布　　(b) 超声扫描激励的电压信号

图 15.6　连续电导率模型与电压信号（后附彩图）

图 15.6（b）给出了连续变化电导率模型中利用互易定理计算得到的电压信号。这些信号是在左侧的平面超声换能器沿着 x 轴方向移动扫描，并向 z 轴方向发射超声激励产生的。图 15.6（b）中横轴是时间轴，纵轴是电压信号的幅度，为了将多次扫描的结果在一幅图中进行对比，第 i 次扫描的电压幅度叠加了一个固定的电压 $1\times10^{-4}i$V。容易发现在电导率发生变化的区域对应的电压信号也发生了相应的变化，这与理论分析的结果一致。

图 15.7（a）给出了非连续电导率变化的模型，其中背景电导率为 2S/m，内部存在两个不同形状的矩形电导率异常区域，其电导率为 3S/m。仍然采用左侧平面超声换能器发射超声信号，利用互易定理的方法计算得到的电压信号如图 15.7（b）所示。

数值模拟结果显示，电压信号在超声波经过电导率交界面时产生较大变化，而在均匀电导率内部传播时没有信号，这与理论分析是一致的。同时还发现，电压信号的大小不仅取决于电导率的梯度，还与交界面的形状有关系，从图 15.7 中就可以看出，当存在一个较大的电导率交界面垂直于超声传播方向时，产生的电压信号也较大。该结论可以用互易场积分方程（14.18）中的积分来解释，当积分区域包括更多的电导率边界时，积分的结果就会相应增加。

从仿真结果中还可以看出，在超声波从低电导率进入高电导率时出现一个负向峰值，在从高电导率进入低电导率时就会出现一个正向峰值。因此在超声波进

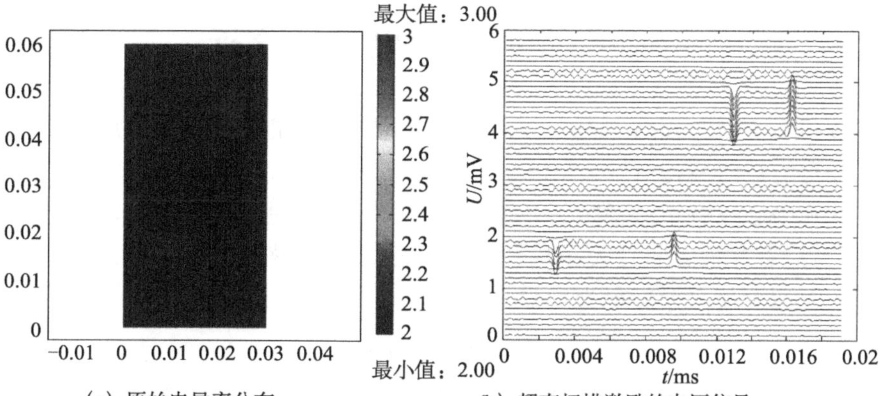

(a) 原始电导率分布 (b) 超声扫描激励的电压信号

图 15.7 非连续电导率模型与电压信号

入和离开电导率异常体时，应出现两个反相的电压信号。

图 15.8 给出了利用互易定理方法和有限元法直接计算耦合场的对比结果。图 15.8（a）是连续分布电导率模型的计算结果，图 15.8（b）是非连续电导率模型的计算结果。其中实线是利用互易场积分方程（14.18）计算的结果（integral），虚线是利用有限元法（FEM）直接求解式（14.7）计算的结果。这两个电压信号均是在上述两个计算模型中 $y=0.045\mathrm{m}$ 处的超声换能器激励产生的。计算结果表明利用互易法和直接法两种方法获得的电压信号吻合度非常高，说明了互易场计算正问题是合理的。

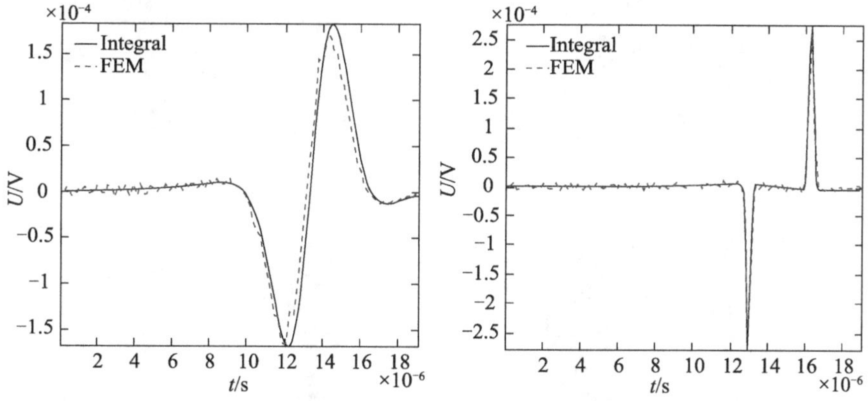

(a) 电导率连续介质的磁声电信号 (b) 电导率非连续介质的磁声电信号

图 15.8 互易定理与有限元计算结果对比图

15.5 测井模型电磁场分析

本节利用实际过程的泊松方程，针对测井模型中电导率径向分层介质进行了磁声电耦合的数值模拟（Guo et al.，2013）。根据 13.4.1 节介绍的声场计算方法，在井孔中心线声源的激励下，首先计算得到每个时刻的空间声场分布。假设磁场 $\boldsymbol{B}_0$ 为沿着井轴方向且大小均匀的静磁场，且电导率分布已知，则可求出泊松方程的右端源项。令源项为

$$f=-(\boldsymbol{v}\times\boldsymbol{B}_0)\cdot\nabla\sigma$$

参考过套管电阻率测井模型（Schenkel et al.，1994），如果将一个检测电极放在无穷远处，另一个电极放在井孔中心，则在无穷远边界条件下，电标位的求解可表示为

$$\nabla\cdot(\sigma\nabla u_1)=-f$$

取一个边长为 0.4m 的正方形截面，分别给定四种不同电导率径向分层介质模型如图 15.9 所示，其交界面分别位于半径为 0.05m、0.15m、0.2m 和 0.25m 处。内层电导率为 0.3S/m，外层电导率为 0.2S/m。

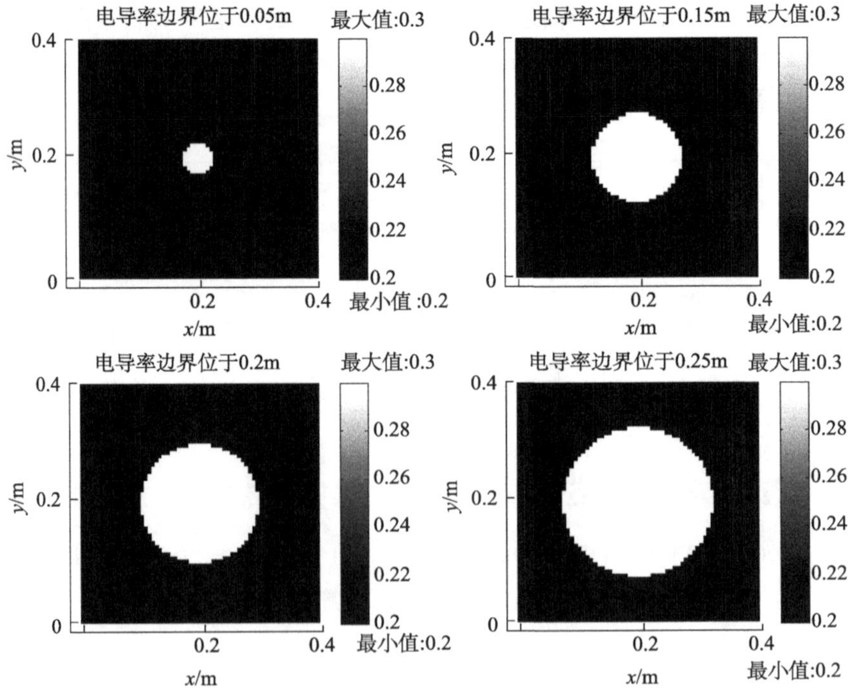

图 15.9 四种径向分层电导率模型

在模型中心有一个线声源，激励的声波沿着径向传播。在模型中心点处还放置一个电极，检测相应的电压。在这里假设另外一个电极位于无穷远处，是零电位。由于无穷远边界条件不容易计算，为了方便起见，给定零电位边界条件。

然后利用有限差分计算电磁场，得到对应于图 15.9 中四种电导率分布情况下的电压信号如图 15.10 所示。

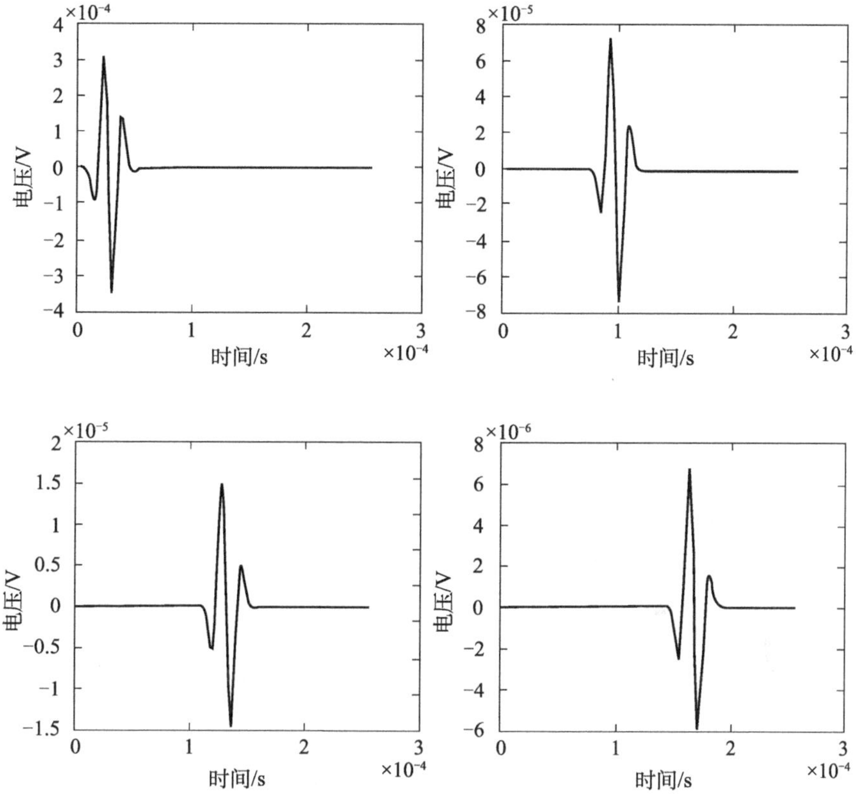

图 15.10　四种电导率模型正演计算的电压信号

根据声速 $c_s = 1500$ m/s 可以计算出，当声波传播到电导率交界面时会产生较强的电压信号，电压信号峰值出现的时间与电导率交界面的位置和传播速度有关。这与前面的理论分析一致：电压信号是由于交界面处电导率的变化产生的。

如果换为三层导电介质，即在半径小于 0.1m 时设定电导率为 0.3S/m，大于 0.1m 小于 0.3m 时设定为 0.2S/m，大于 0.3 m 时为 0.1S/m，那么超声经过两个交界面时都能产生较大的信号。仿真结果如图 15.11 所示。

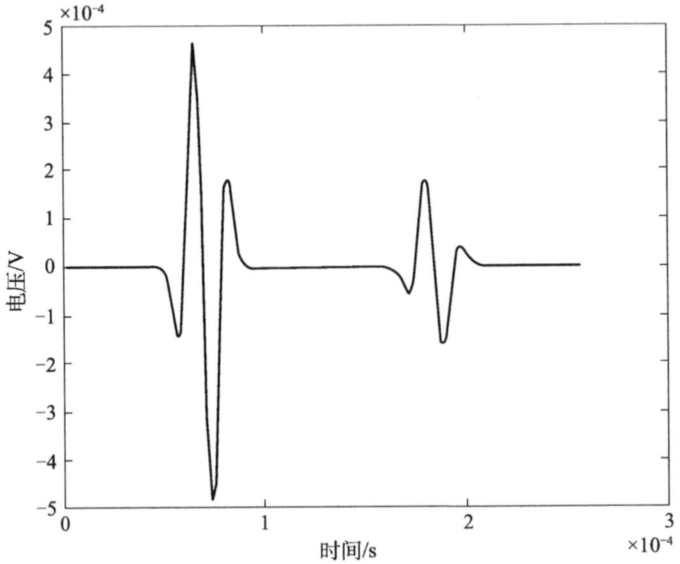

图 15.11　具有两个电导率边界时计算的电压信号

参 考 文 献

刘国强 . 2006. 医学电磁成像 . 北京：科学出版社 .

黄欣 . 2013. 注入电流式磁声成像的基础研究 . 北京：中国科学院电工研究所 .

夏慧，刘国强，郭亮，等 . 2015. 二维磁声电图像重建及成像影响因素分析 . 电子科技大学学报，44(1)：150-154.

Finch D，Patch S K. 2004. Determining a function from its mean values over a family of spheres. SIAM Journal on Mathematical Analysis，35(5)：1213-1240.

Haider S，Hrbek A，Xu Y. 2008. Magneto-acousto-electrical tomography：a potential method for imaging current density and electrical impedance. Physiological Measurement，29(6)：S41-50.

Guo L，Liu G Q，Xia H，et al. 2013. Forward procedure of magneto-acousto-electric signal in radially stratified medium of conductivity for logging models. Chinese Physics Letters，30(12)：124303.

Guo L，Liu G Q，Xia H，et al. 2014. Conductivity reconstruction algorithms and numerical simulations for magneto-acousto-electrical tomography with piston transducer in scan mode. Chinese Physics B，23(10)：104303.

Schenkel C J，Morrison HF，Schenkel CJ，et al. 1994. Electrical resistivity measurement through metal casing. Geophysics，59(7)：1072-1082.

Zeng XP，Liu G Q，Xia H. 2010. Steady state electromagnetic analysis of the forward problem for magneto-acoustic tomography. The 2nd International Conference on Information Science and Engineering，599-602.

第 16 章　电磁场逆问题

电压检测式磁声成像的电磁场逆问题指的是，已知声场和静磁场，根据测量电压信号，重建目标体的电导率图像。在第 14 章，根据互易定理，建立了互易场积分方程——互易电流场积分方程（14.15）和互易磁力散度积分方程（14.18），前者描述的是互易电流密度与电压信号之间的关系，后者描述的是互易磁力散度（或电流密度旋度）与电压信号之间的关系。在数学上这类积分方程也被称为第一类 Fredholm 积分方程（肖庭延等，2005）。

在第 15 章中，将互易场积分方程和电压类波动方程用于电磁场正问题的求解。实际上，互易场积分方程和电压类波动方程也是求解电磁场逆问题的重要关系式。电压检测式磁声成像的逆问题主要分成两步来求解，第一步是从已知的电压信号出发，求解 Fredholm 积分方程（14.15）和（14.18）的解，获取互易电流密度或其旋度；第二步是通过互易电流密度或其旋度重建目标体电导率分布。互易场积分方程为逆问题的重建带来了极大的方便，通过互易场变量（互易电流密度、互易电场强度、互易电流密度的旋度、互易磁力散度等）作为桥梁，最终重建出电导率。

根据 Fredholm 积分方程，电压信号与互易场变量之间存在线性的对应关系，可利用线性规划算法求解互易场变量。考虑到时间反演法是求解声场逆问题常用的快速算法，如果可以通过理论证明与推导，将其应用到 Fredholm 积分方程的求解中，则能够在一定程度上提高重建的计算效率。另外，本章还采用压缩感知算法在测量数据不足的情况下求解 Fredholm 积分方程的近似解。这两种重建方法都将在后续章节进行深入分析与研究。

重建互易电流密度旋度，确切地说，是重建互易电流密度旋度沿着静磁场方向的分量。在静磁场方向不发生变化（不旋转静磁场）的情况下，本质上是一种标量场的重建。若已经获得互易电流密度旋度，联合电流连续性定理和边界条件，还可以重建互易电流密度。

目标体内互易电流密度及其旋度与电导率之间存在着非线性的对应关系，电导率的重建可以看作是非线性规划问题。在得到互易电流密度或者电流密度旋度后，可根据非线性规划算法求解目标体的电导率分布。针对这些问题，我们将采用牛顿类的算法，通过迭代的方式逐步在解空间中得到满足精度要求的解（马昌凤，2009）。

16.1　矩阵法重建互易电流密度

如图 16.1 所示，超声纵波沿 x 轴在目标体中传播，目标体所处的静磁场为 $\boldsymbol{B}_0$，由表面电极 a 和 b 检测电压信号。

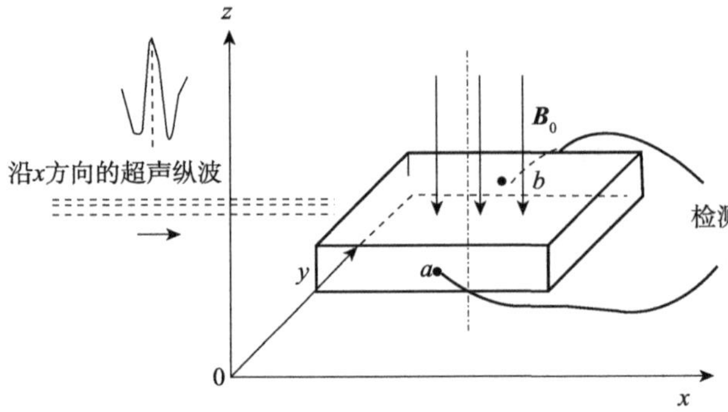

图 16.1　激励检测示意图

在 t_0 时刻，一束超声脉冲纵波的中心沿 x 轴向注入目标体内的某一点，超声脉冲中心处在目标体中某点 $(\Delta x/2,y,z)$，zoy 面上的面积元为 $\mathrm{d}S$，超声束在 zoy 面上的面积为 s，当 Δx 足够小时，可以认为有超声脉冲进入的目标体内振动速度变化很小，即都等于 $(\Delta x/2,y,z)$ 点的振动速度 $v_{\Delta x/2}$。此时，根据式 (14.15)，有

$$u_{ab(0)} = B_0 v_{\Delta x/2} \int_{s_{\Delta x/2}} \boldsymbol{J}_{y(\Delta x/2)} \cdot \boldsymbol{n}\mathrm{d}S\Delta x \tag{16.1}$$

其中，$u_{ab(0)}$ 为电极 a 和 b 在 t_0 时刻所测得到的电压，Δx 为求和步径，$\boldsymbol{n}$ 为 $\boldsymbol{v}\times\boldsymbol{B}_0$ 方向上的单位向量。

$B_0 v_{\Delta x/2}$ 可以认为是已知常量，因此，根据式 (16.1) 可以求出 $J_{y(\Delta x/2)}$ 在体积元内的平均电流密度，设为 $J_{y(0)}$。

在 t_N 时刻，脉冲中心坐标为 (x_N,y,z)，振动速度向量 $\boldsymbol{v}$ 已知，并且在 zoy 面上均匀，根据式 (14.15)，有

$$u_{ab(N)} = B_0 \sum_{x_N-w/2}^{x_N+w/2} v_x \int_s \boldsymbol{J}_{y(x)} \cdot \boldsymbol{n}\mathrm{d}S\Delta x \tag{16.2}$$

其中，w 为超声脉冲在 x 轴上的宽度。

由式 (16.2) 可得一个含有 $w/\Delta x=N$ 个未知量的一次方程式。当 t_0 时刻的电压可知时，可以得到一个关于 $\boldsymbol{J}_{y(x_1-w/2)},\cdots,\boldsymbol{J}_{y(x_1-\Delta x)},\boldsymbol{J}_{y(x_1)},\boldsymbol{J}_{y(x_1+\Delta x)},\cdots,\boldsymbol{J}_{y(x_1+w/2)}$ 的 N 元一次方程。

在 $t_1+\Delta x/1500$ 时刻，超声波束中心传到下一点（$x_1+\Delta x,y,z$），测得电压值，根据式（16.2）同样可以得到一个关于 $\boldsymbol{J}_{y(x_1+\Delta x-w/2)},\cdots,\boldsymbol{J}_{y(x_1)},\boldsymbol{J}_{y(x_1+\Delta x)},\boldsymbol{J}_{y(x_1+2\Delta x)},\cdots,\boldsymbol{J}_{y(x_1+\Delta x+w/2)}$ 的 N 元一次方程

$$u_{ab(N+1)}=B_0\sum_{x_1+\Delta x-w/2}^{x_1+\Delta x+w/2}v_{x+\Delta x}\int_{s_{x_1+\Delta x}}\boldsymbol{J}_{y(x)}\cdot\boldsymbol{n}\mathrm{d}S\Delta x$$

以此类推，到最后超声脉冲穿出目标体，仅有宽 Δx 的超声波余留在目标体内，设目标体在 x 轴方向的长度为 l，此时，有

$$u_{ab(M)}=B_0v_{l-\Delta x/2}\int_{s_{l-\Delta x/2}}\boldsymbol{J}_{y(x)}\cdot\boldsymbol{n}\mathrm{d}S\Delta x$$

综合以上各式，可以得到 M 个含有 M 个未知量的方程式，其中 $M=l/\Delta x$，该方程组存在着唯一解。当整个超声脉冲在该目标体中传播时，每隔 Δx 振动速度取平均，不考虑超声波在目标体中传播振动速度的衰减，则整个超声脉冲空间脉宽上目标体离子的振动速度可分别设为 $v_0,v_1,\cdots,v_{N-1},v_N$，则上述的 M 元方程组可以由矩阵表示为

$$\begin{bmatrix} v_N & 0 & 0 & \cdots & 0 & 0 & \cdots & 0 & 0\\ v_{N-2} & v_{N-1} & 0 & \cdots & 0 & 0 & \cdots & 0 & 0\\ \vdots & \vdots & \vdots & & \vdots & \vdots & & \vdots & \vdots\\ v_0 & v_1 & v_2 & \cdots & v_{N-2} & v_{N-1} & \cdots & 0 & 0\\ 0 & v_0 & v_1 & \cdots & v_{N-3} & v_{N-2} & \cdots & 0 & 0\\ \vdots & \vdots & \vdots & & \vdots & \vdots & & \vdots & \vdots\\ 0 & 0 & 0 & \cdots & 0 & 0 & \cdots & v_0 & v_1\\ 0 & 0 & 0 & \cdots & 0 & 0 & \cdots & 0 & v_0 \end{bmatrix}\begin{bmatrix} J_{y(0)}\\ J_{y(1)}\\ \vdots\\ J_{y(N-1)}\\ J_{y(N)}\\ \vdots\\ J_{y(M-2)}\\ J_{y(M-1)} \end{bmatrix}\mathrm{d}S\Delta x=\begin{bmatrix} u_{ab(0)}\\ u_{ab(1)}\\ \vdots\\ u_{ab(N-1)}\\ u_{ab(N)}\\ \vdots\\ u_{ab(M-2)}\\ u_{ab(M-1)} \end{bmatrix}\tag{16.3}$$

式（16.3）所示的算法易于编程，通过实现该式所示的算法，能够方便地在计算机上实现电流密度分布的 y 分量的重建（曾小平，2011）。在 zoy 面上的分辨率即横向分辨率为 s，在 x 轴向上的分辨率为脉冲空间宽度。脉冲空间宽度指的是超声脉冲在介质中传播时，超声场在纵向上的跨度，当脉冲宽度为 t，介质中声波的传播速度为 v，则脉冲空间宽度为 vt。依此类推，旋转磁体，即改变磁场方向为沿 y 轴方向，声波方向仍为 x 轴方向，则可求得电流密度分布沿 z 方向上的分量。改变声波方向为 y 轴方向，磁场方向为 z 轴方向，则可得电流密度分布在 x 方向上的分量。

式（16.3）中设定振动速度在传播过程中不变，即不受传播介质的影响。事实上，在振动速度已知的情况下，振动速度向量在式（16.3）中为方程组的已知

系数，该式由 M 个 M 元一次方程组成，有唯一解。

特别地，当目标体厚度 Δl 可以忽略时，则其转化为二维问题的求解，体积分的求解转化为求解面积分，此时，振动速度 v 可以认为是常量，式（16.2）简化为

$$u_{ab} = \Delta l B_0 v \int_s \boldsymbol{J} \cdot \boldsymbol{n} \mathrm{d}S \tag{16.4}$$

由式（16.4）可以较为方便地求得电流密度分布在超声作用面处的平均体电流密度分布。超声路径内的 zoy 面上的 $J_{y(x)}$ 在 s 面上的平均值可求，即单位电流通过 a 和 b 通入目标体中后，面电流密度分布在 y 轴向上的分量。由式（16.4），该面电流密度分布为体积单元 $S\mathrm{d}x$ 上的平均体电流密度分布，进而可以求出超声脉冲路径内的体电流密度分布 y 分量的平均值。

实际工程中，成像的纵向分辨力比横向分辨力更易于提高。因为大部分生物组织中的声速仅为 1.5mm/μs，中心频率为 1MHz 的脉冲在理论上可以将纵向分辨率降到 1.5mm。而焦斑直径要降到 1.5mm 等级难度大，需要用超声相控阵阵列，成本高昂。因此，利用成像的高纵向分辨力，进行三维扫描获得各个维度上的高分辨力，可以大大提高图像质量。

16.2 时间反演法重建互易电流密度旋度

16.2.1 时间反演法

对于电压检测式磁声成像，电压信号可以看作是电压类波动场（14.22）在超声换能器所在位置处的值。求解电压类波动方程的逆问题，即重建场源 q 的分布。在静磁场和密度已知的情况下，如果 q 被重建出来，则利用式（14.23）可以直接获得互易电流密度的旋度。

时间反演法是近年发展起来的一种声源重建方法，它已经在超声散射场重建（Xu Y et al.，2004）、光声成像声源重建（Burgholzer et al.，2007；Xu M et al.，2005）、热声成像声源重建（Xu M et al.，2003）和磁声成像声源重建（Xu Y et al.，2005）等领域中被广泛应用。根据惠更斯原理，波动场内部任意点都可通过其边界上的声压及其导数重建出来。也就是说，利用闭合边界上采集到的声压及其法向梯度作为二次声源重新发射回去，便可重建出声场内任意一点的声压。但是在实际信号采集过程中，不可能同时获得声压及其法向梯度，因此 Xu Y 等提出了只利用声压并结合格林函数梯度进行时间反转的声场重建方法（Xu Y et al.，2004）。

一直以来，时间反演法是解决超声检测式磁声成像的声场逆问题最主要的方

法，而在电压检测式磁声成像中却难以应用。正如第 14 章所讲，如果把互易场积分方程看成电压类波动方程的解，那么，电压检测式磁声成像的逆问题就归结为电压类波动的逆源问题，从而时间反演法就能够在电压检测式磁声成像中得以应用。也就是说，电压类波动场满足的方程与声压波动方程形式相同，类波动场中场源的重建与声源的重建是完全一样的。

从波动方程的表达式来看，方程中只含有时间的二阶微分，这就表明 $u(\boldsymbol{r},t)$ 和 $u(\boldsymbol{r},-t)$ 都是波动方程的解。定义 $u(\boldsymbol{r},t)$ 在 T_0 时刻的时间反转场为

$$u_r(\boldsymbol{r},T_0)=u(\boldsymbol{r},T_0),\quad u'_r(\boldsymbol{r},T_0)=-u'(\boldsymbol{r},T_0)$$

这里 T_0 要足够大，使得对于 $t>T_0$ 的时刻，$u(\boldsymbol{r},t)=0$ 。这样，时间反转场 $u_r(\boldsymbol{r},t)$ 便可以通过 T_0 时刻的初始值唯一确定。由于 $u(\boldsymbol{r},t)$ 是在 T_0 时刻被反转的，所以反转场的时间变量可以表示为 $\hat{t}=2T_0-t$ 。则时间反转场的格林函数可写为

$$G_r(\boldsymbol{r},t\,|\,\boldsymbol{r}',0)=G_-(\boldsymbol{r},\hat{t}\,|\,\boldsymbol{r}',0)-G_+(\boldsymbol{r},\hat{t}\,|\,\boldsymbol{r}',0),\quad \hat{t}>T_0$$

其中，$G_-(\boldsymbol{r},\hat{t}\,|\,\boldsymbol{r}',0)$ 是汇聚格林函数，$G_+(\boldsymbol{r},t\,|\,\boldsymbol{r}',0)$ 是发散格林函数。

结合公式

$$u(\boldsymbol{r},t)=\iiint\limits_{r'\in\Omega}\frac{\nabla\times\boldsymbol{J}_2(\boldsymbol{r}')\cdot\boldsymbol{B}_0}{\rho_0}G(\boldsymbol{r},t\,|\,\boldsymbol{r}',0)\mathrm{d}\Omega \tag{16.5}$$

可将时间反转场表示为

$$u_r(\boldsymbol{r},t)=u_0(\boldsymbol{r},2T_0-t)+u_{\mathrm{div}}(\boldsymbol{r},t)$$

注意到时间反转场中发散部分 $u_{\mathrm{div}}(\boldsymbol{r},t)$ 在正向声场中是不存在的，因此可得到反转场的计算公式为

$$u_r(\boldsymbol{r},t)=-\oint\limits_{r'\in S}u(\boldsymbol{r}',\hat{t})\frac{\partial G(\boldsymbol{r},\hat{t}\,|\,\boldsymbol{r}',0)}{\partial n}\mathrm{d}S$$

其中，S 是 $\boldsymbol{r}'$ 所在的闭合曲面。由上式可以看出，利用闭合曲面上的场量按时间反转以后，与格林函数的法向导数在该曲面上积分可得到待求的时间反转场。

结合矢量恒等式，可推出利用时间反演法求解声场的计算公式

$$u_r(\boldsymbol{r},t)=\frac{1}{2\pi}\oint\limits_{r'\in S}\mathrm{d}S\frac{\boldsymbol{n}\cdot(\boldsymbol{r}'-\boldsymbol{r})}{|\boldsymbol{r}'-\boldsymbol{r}|^2}\left[\frac{u(\boldsymbol{r}',t_{rd})}{|\boldsymbol{r}'-\boldsymbol{r}|}-u'(\boldsymbol{r}',t_{rd})/c_s\right] \tag{16.6}$$

其中，$t_{rd}=2T_0-t+|\boldsymbol{r}-\boldsymbol{r}'|/c_s$ 。

如果考虑式（15.3）是 $q(\boldsymbol{r}')$ 在某个曲面或弧线上的 Radon 变换，那么根据球面 Radon 逆变换的求解公式（Cormack et al.，1980；Beylkin et al.，1987；Kunyansky，2007a；2007b），同样可以得到与时间反演法相似的计算公式

$$u(\boldsymbol{r},t)=\frac{2}{\Omega_0}\oint_{r'\in\Omega} u(\boldsymbol{r}',t)-tu'(\boldsymbol{r}',t)\mathrm{d}\Omega \tag{16.7}$$

其中，$\mathrm{d}\Omega$ 是立体角的小微元，满足 $\mathrm{d}\Omega=\mathrm{d}S\dfrac{\boldsymbol{n}\cdot(\boldsymbol{r}-\boldsymbol{r}')}{|\boldsymbol{r}-\boldsymbol{r}'|}\dfrac{1}{|\boldsymbol{r}-\boldsymbol{r}'|^2}$ 。在三维坐标中，Ω_0 是单位球面的面积 4π ；在二维坐标中，Ω_0 是单位圆的周长 2π 。

利用式（16.6）可直接计算出时间反转场。因为场源与初始时刻场量的一阶导数有关，也就是 $q(\boldsymbol{r}')=-\dfrac{1}{c_s^2}\dfrac{\partial u}{\partial t}\bigg|_{t=0}$ ，所以可对式（16.6）两端求导并取 0 时刻的值，得到场源的表达式为

$$q(\boldsymbol{r}')=\frac{1}{2\pi c_0^2}\oint_{r\in S}\mathrm{d}S\frac{\boldsymbol{n}\cdot(\boldsymbol{r}'-\boldsymbol{r})}{|\boldsymbol{r}'-\boldsymbol{r}|^2}\left[\frac{u'(\boldsymbol{r}'-t_{rd})}{|\boldsymbol{r}'-\boldsymbol{r}|}-u''(\boldsymbol{r}',t_{rd})/c_s\right] \tag{16.8}$$

利用式（16.8）即可重建出分布场源 $q(\boldsymbol{r}')$ 。

16.2.2　数值仿真

给定二维场源分布如图 16.2（a）所示，在一个边长为 4cm 的矩形区域内包括五个大小不一的圆形源区。按照从上到下从左到右的顺序，场源大小依次为 9，8，3，6，5，任意单位 a.u.。在以原点为中心，半径为 4 cm 的圆上，每隔 3.6°进行旋转扫描。计算得到在扫描点处的值如图 16.2（b）所示。其中纵轴表示扫描的角度，横轴表示时间，颜色代表大小。从图 16.2（b）可以看出在每个扫描角度下，对应图 16.2（b）中的一行，最多可有 5 个峰值，分别对应 5 个场源。图 16.2（c）是用时间反演法重建的场源。对比图 16.2（a）与图 16.2（c），可以看出时间反演法重建的场源空间分布与原始场源基本一致。

在本节的逆问题研究中，正问题数据的获取与逆问题重建采用两种不同的方法，并且网格的划分也是不相同的，以期能够相互印证。在这种情况下重建结果如果与原始分布相似，在一定程度上能说明逆问题算法的合理性。

为了对算法的有效性进行定量的评估，引入相关度评价标准。这种评价方法是求重建图像与原始图像之间的相关度 RE，计算方法见如下公式

$$\mathrm{RE}=\sqrt{1-\frac{\sum\limits_{n=1}^{N}(\sigma_{0n}-\sigma_n)^2}{\sum\limits_{n=1}^{N}\sigma_{0n}^2}} \tag{16.9}$$

其中，σ_{0n} 是原始图像数据，σ_n 是重建图像数据。通过计算公式（16.9）可知，利用时间反演法的重建结果与原始分布源的相关度达到 85.2%。

从重建的结果看出，利用传统的时间反演法能够快速重建场源分布，重建结

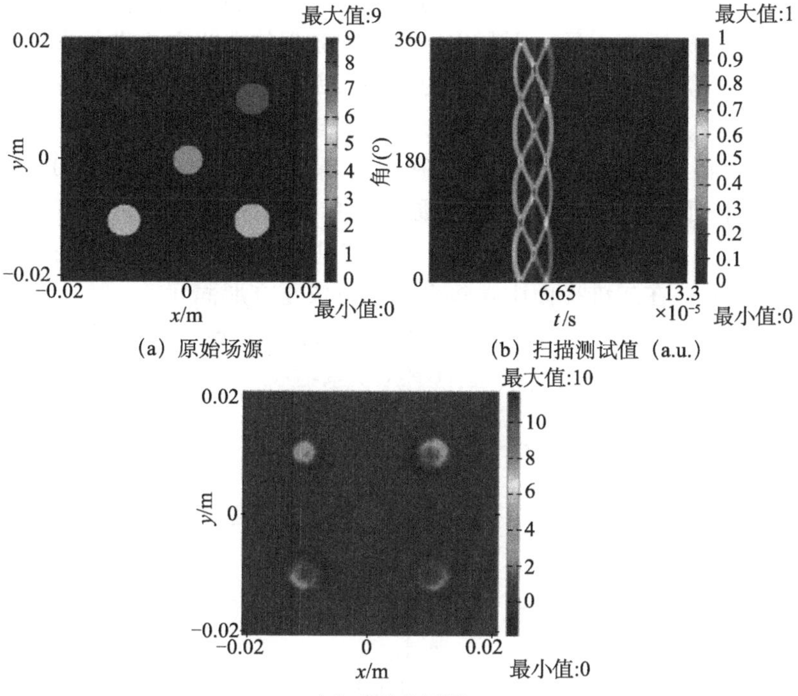

(a) 原始场源　　(b) 扫描测试值 (a.u.)

(c) 重建的场源

图 16.2　时间反转法重建的场源（后附彩图）

果基本合理。但是，由于在场源的重建中要用到测量数据的二阶导数，计算中的高频噪声会被放大，导致重建结果误差增大。另一方面，当扫描边界距离成像区域较近时，距离边界较近的成像区域重建结果往往不理想。另外，时间反演法是一种近似的场源分布重建方法，这种算法本身决定了它只能近似获得相对的空间分布图，无法准确重建分布源的绝对值。

根据时间反演法的基本原理，重建分布源的前提条件是要首先获得在一个闭合曲面上所有点的测量值。对于二维重建就要在一个圆上进行逐点扫描，对于三维重建就要在一个球面上逐点扫描。扫描的步长越精细，重建精度越高。而考虑实际的物理模型，受到磁体和检测电极的影响，不可能实现在整个闭合边界上的逐点扫描，而是只能获得部分角度或边界上的值，从而降低了重建精度。

16.3　压缩感知法重建互易电流密度旋度

已知声场速度势求解互易场积分方程（14.18）中的场源，可以利用矩量法（详见附录 A）将积分方程转变成矩阵方程进行求解。

矩量法是求解微、积分方程常用的数值方法，核心思想是将积分方程在定义域内离散化，变成矩阵方程，再利用一般矩阵方程的求解方法进行求解，在天线设计、电磁波计算等方面得到了广泛的应用，因此也可以用于波动场的求解。经典的本征函数法、瑞利变分法、伽辽金方法都与矩量法密切相关。

前面已经将积分方程（14.18）利用点源格林函数转换成了球面的面积分（15.3），下面将根据矩量法的基本原理，推导积分方程（15.3）的离散格式。如图 16.3 所示，用二维示意图表示整个离散过程。如果在三维空间中，每个网格看成立方体元；在二维平面中，每个网格看成正方形面元。

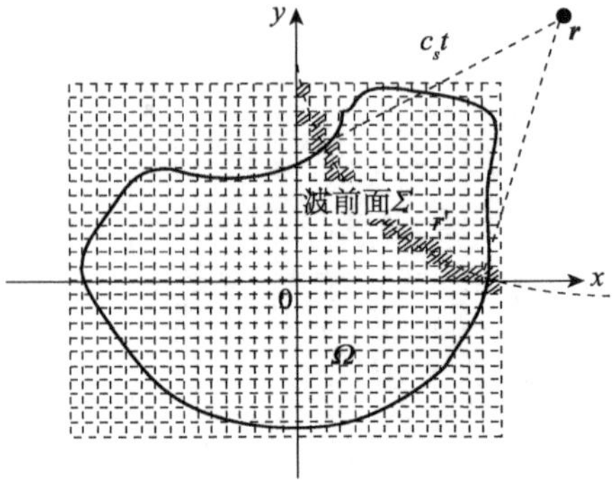

图 16.3 矩量法离散示意图

假设在每个网格内场源的分布是均匀的，则可用位于网格中心点的值近似表示。参见附录 A，针对此特殊问题，线性变换（A1）对应于积分方程（14.18），检测电压 u_{AB} 对应泛函 ξ，$q(\boldsymbol{r}')$ 对应泛函 χ。

如果待重建函数具有有限带宽，可以选择脉冲基函数 $\chi_i=\delta(\boldsymbol{r}'-\boldsymbol{r}_i')$ 将其展开

$$q(\boldsymbol{r}')=\sum_i q(\boldsymbol{r}'_i)\chi_i \tag{16.10}$$

代入到式（16.5）中，有

$$u(\boldsymbol{r},t)=\sum_i q(\boldsymbol{r}'_i)\iiint\limits_{\boldsymbol{r}'\in\Omega_i} G(\boldsymbol{r},t|\boldsymbol{r}',0)\mathrm{d}\Omega_i \tag{16.11}$$

对于权函数 ω_j，采用点匹配法选择波前弧线上的点。也就是说，选择权函数为 Dirac 函数 $\delta(\boldsymbol{r}-\boldsymbol{r}_k)$，与式（16.11）两端作内积，则得到对于任意一点 $\boldsymbol{r}_k$ 的类波动场为

$$u(\boldsymbol{r}_k,t)=\sum_i q(\boldsymbol{r}'_i)\iiint\limits_{\boldsymbol{r}'\in\Omega_i}\iiint\limits_{\boldsymbol{r}\in\Omega_k} G(\boldsymbol{r},t|\boldsymbol{r}',0)\delta(\boldsymbol{r}-\boldsymbol{r}_k)\mathrm{d}\Omega_k\mathrm{d}\Omega_i \tag{16.12}$$

根据 Dirac 函数的性质，式（16.12）可改写为

$$u(\boldsymbol{r}_k,t)=\sum_i q(\boldsymbol{r}'_i)\iiint_{r'\in\Omega_i}G(\boldsymbol{r}_k,t\,|\,\boldsymbol{r}',0)\mathrm{d}\Omega_i \tag{16.13}$$

其中，Ω_i 表示第 i 个网格单元。当考虑无限带宽的点源格林函数，根据格林函数中 Dirac 函数的选择性，式（16.13）在一个网格内的体积分退化为交界面的面积分

$$u(\boldsymbol{r}_k,t)=\sum_i\frac{q(\boldsymbol{r}'_i)}{4\pi tc_s}\iint_{r'\in\Sigma_i}\mathrm{d}\Sigma_i=\sum_i\frac{q(\boldsymbol{r}'_i)}{4\pi tc_s}l_i \tag{16.14}$$

其中，Σ_i 是波前面与第 i 个立方体网格的交接面。如果考虑三维模型，当波前面与第 i 个网格单元相交时，l_i 就是相交面的面积，当波前面与第 i 个单元不相交时，l_i 等于 0。如果考虑如图 16.3 所示的二维模型，当波前面与第 i 个正方形单元相交时，l_i 就是交线的长度，当波前面与第 i 个正方形单元不相交时，l_i 等于 0。式（16.14）就是积分方程的离散格式。这里 l_i 的计算是一个很棘手的问题，在不同时刻不同扫描点激励的情况下，都要预先计算好每个离散网格与波前面交面（线）的面积（长度），这需要占用较大的存储容量。这些数据可以在求解逆问题之前提前计算并存储好，方便直接调用。

当考虑有限带宽的点源格林函数时，对于特定的时域函数 $f(t)$，式（16.14）变为

$$u(\boldsymbol{r}_k,t)=\sum_i q(\boldsymbol{r}'_i)\iiint_{r'\in\Omega_i}\frac{f\left(t-\dfrac{|\boldsymbol{r}_k-\boldsymbol{r}'|}{c_s}\right)}{4\pi c_s t}\mathrm{d}\Omega \tag{16.15}$$

其中，右端的积分也可用数值积分计算得到。不论是式（16.14）还是式（16.15），在准备好右端的积分数据后，都可以将其转化成矩阵方程的形式

$$\boldsymbol{KH}=\boldsymbol{U} \tag{16.16}$$

其中，$\boldsymbol{U}$ 为不同时刻、不同扫描点下获得的测量数据 $u(\boldsymbol{r}_k,t)$（也就是 u_{ab}）对应的列向量，$\boldsymbol{K}$ 是与声场有关的矩阵，$\boldsymbol{H}$ 为待重建的列向量（也就是场源）。假设目标区域内共有 n 个像素点，即 $i\in[1:n]$，边界扫描 p 个角度，每个角度取 q 个时间点，则测量数据 $u(\boldsymbol{r}_k,t)$ 被离散为 $u(\boldsymbol{r}_k,t_l)$，其中 $k\in[1:p]$，$l\in[1:q]$；$\boldsymbol{U}$ 就是一个 pq 行、1 列的列向量。系数矩阵 $\boldsymbol{K}$ 是一个 pq 行、n 列的矩阵。如果系数矩阵 $\boldsymbol{K}$ 是非奇异的，可以利用广义逆的方法求解

$$\boldsymbol{H}=\boldsymbol{K}^{-1}\boldsymbol{U} \tag{16.17}$$

如前所述，根据矩量法将积分方程转换成了矩阵方程（16.16）。当进行高分辨率成像时，由于待成像的像素点较多，矩阵方程往往是欠定的。传统的时间反演法虽然不用求解欠定的矩阵方程，但是存在较大的误差。

如果 $\boldsymbol{H}$ 在某个变换下具有稀疏特性，那么可以用压缩感知的方法求解该矩阵方

程。压缩感知方法是在核磁共振成像中发展起来的（Lustig et al.，2007），目前它已经在语音信号的识别、图像的融合以及运动目标的跟踪等领域得到了广泛的应用。

与传统的时间反演法相比，利用压缩感知方法能在较少数据量的情况下，充分利用空间压缩特性，较为准确地恢复场源的空间分布。

超声速度势构成的观测矩阵实际上也可看作是球面的 Radon 变换，它的列向量之间是线性无关的，在傅里叶基或小波基的作用下可以满足有限等距性质（restrict isometry property，RIP）的充要条件（刘冰等，2010）。通俗来讲，就是必须保证压缩感知矩阵不会把不同的两个稀疏信号映射到同一个采样集合中，也就是说从压缩感知矩阵任意抽取 M 个列向量构成的矩阵都是非奇异的。

给定二维电导率分布如图 16.4（a）所示，其背景电导率为 0.0001 S/m，两块椭圆形电导率异常区域大小为 10 S/m。位于上下两个边界的线电极均匀注入电流后产生的互易电流密度旋度，也可看作是场源分布，如图 16.4（b）所示。注入电流的过程是假想的互易过程。环绕整个二维区域用超声扫描一周激励的电压信号，如图 16.4（c）所示。其中横轴是时间，纵轴是角度。由于电流密度旋度在边界处是不连续的，根据压缩感知原理，非连续图像在小波基下是稀疏的。所以选择双正交 db4 小波基进行压缩感知，利用 OMP 算法重建的场源如图 16.4（d）所示。

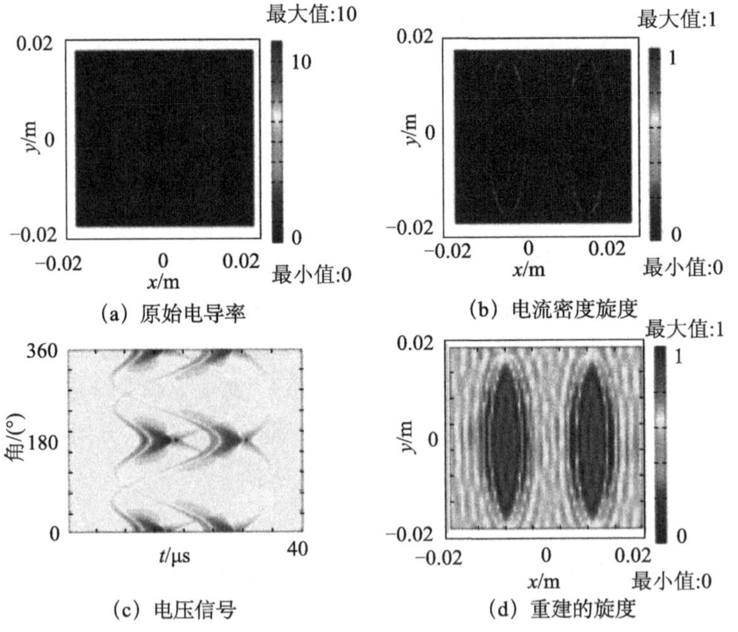

图 16.4　压缩感知重建电流密度旋度的计算结果（后附彩图）

重建结果图 16.4（d）与图 16.4（b）对比可知，重建的场源与真实的场源分布基本一致，计算归一化后的重建图像与原始图像的相关度为 RE＝83.6％。由于电流密度旋度在电导率边界处具有较大的奇异性，所以重建结果在这些奇异位置处具有较大的误差，但整体趋势是一致的，能够清晰地显示出电导率边界处的电流密度旋度的分布情况。

通过选择不同的正交小波基，如 db4 小波、sym4 小波和 sym8 小波分别进行压缩感知重建，发现对重建结果影响不大，在这里我们仅给出 db4 小波的重建结果。

16.4 由互易电流密度旋度重建电流密度

根据亥姆霍兹定理，已知一个空间矢量的散度、旋度以及边界条件，该矢量可以被唯一确定。那么如何根据散度和旋度信息去重建电流密度矢量？

分析可知，当静磁场方向保持不变时，仅能够重建出互易电流密度旋度沿着静磁场方向的分量。沿着三个直角坐标轴方向旋转静磁场，分别进行测量和重建，就可以得到互易电流密度旋度的三个分量。

假设电流密度旋度的三个分量已经重建出来

$$\nabla\times \boldsymbol{J}_2=\left(\frac{\partial J_{2z}}{\partial y}-\frac{\partial J_{2y}}{\partial z}\right)\boldsymbol{e}_x+\left(\frac{\partial J_{2x}}{\partial z}-\frac{\partial J_{2z}}{\partial x}\right)\boldsymbol{e}_y+\left(\frac{\partial J_{2y}}{\partial x}-\frac{\partial J_{2x}}{\partial y}\right)\boldsymbol{e}_z \tag{16.18}$$

其中，$\boldsymbol{e}_x$、$\boldsymbol{e}_y$、$\boldsymbol{e}_z$ 分别表示笛卡儿坐标系下三个方向的单位矢量。

根据矢量恒等式和电流连续性定理，有

$$\nabla^2\boldsymbol{J}_2+\nabla\times\nabla\times\boldsymbol{J}_2=0 \tag{16.19}$$

若记

$$\boldsymbol{P}=\nabla\times\boldsymbol{J}_2=P_x\boldsymbol{e}_x+P_y\boldsymbol{e}_y+P_z\boldsymbol{e}_z \tag{16.20}$$

将式（16.20）代入式（16.19），可导出电流密度 $\boldsymbol{J}_2$ 三个方向分量均满足拉普拉斯方程

$$\begin{aligned}\nabla^2 J_{2x}&=-\nabla\times\boldsymbol{P}|_x\\ \nabla^2 J_{2y}&=-\nabla\times\boldsymbol{P}|_y\\ \nabla^2 J_{2z}&=-\nabla\times\boldsymbol{P}|_z\end{aligned} \tag{16.21}$$

结合边界条件，利用有限元或有限差分等数值方法分别求解拉普拉斯方程（16.21），即可得到电流密度矢量的三个分量。

对于二维层析成像问题，假设静磁场与层析平面的法方向均是 z 方向，那么电流密度仅有 x、y 方向分量，其旋度只有 z 方向分量。因此式（16.21）中只需要求解前两个即可。然而，在这两个公式中，P_x 和 P_y 是未知的，要想求解必须

给出如下假设：P_x 和 P_y 沿着 z 方向的导数为 0。该假设在二维层析成像问题中往往是成立的，也就是说，近似认为与层析平面紧邻的上、下两个平面与该层析平面的电导率分布是相同的。因此电流密度及其旋度在这两个平面上完全相同。

二维模型中，式（16.20）变为

$$\frac{\partial J_{2y}}{\partial x}-\frac{\partial J_{2x}}{\partial y}=P_z \tag{16.22}$$

式（16.21）变为

$$\begin{aligned}\frac{\partial^2 J_{2y}}{\partial x^2}+\frac{\partial^2 J_{2y}}{\partial y^2}&=\frac{\partial P_z}{\partial x}\\ \frac{\partial^2 J_{2x}}{\partial x^2}+\frac{\partial^2 J_{2x}}{\partial y^2}&=-\frac{\partial P_z}{\partial y}\end{aligned} \tag{16.23}$$

有了电流密度矢量各分量满足的拉普拉斯方程，还需要配上合理的边界条件，才能唯一确定该矢量。考虑二维平面的矩形求解区域，如图 16.5 所示。

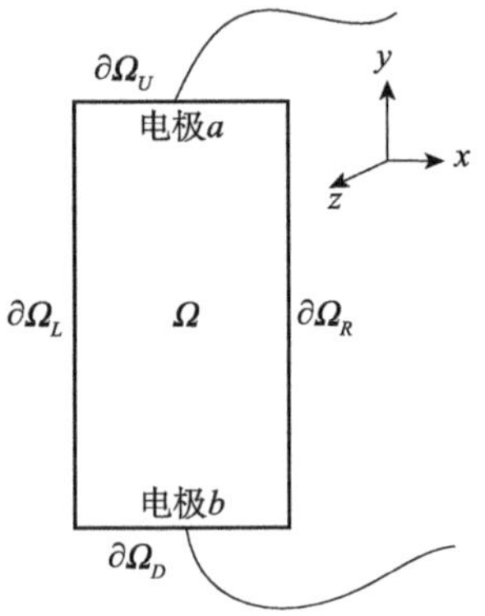

图 16.5　求解区域及边界条件示意图

Ω 是求解区域，$\partial\Omega_L$、$\partial\Omega_R$、$\partial\Omega_U$、$\partial\Omega_D$ 分别表示左、右、上、下四个边界，假设两个点 a 和 b 分别位于上下两个边界的中央。四个边界都满足绝缘边界条件，即 $\boldsymbol{J}_2\cdot\boldsymbol{n}=0$。

对于左、右两侧边界有 $J_{2x}|_{\partial\Omega_{LR}}=0$、$\partial J_{2x}/\partial y|_{\partial\Omega_{LR}}=0$，根据式（16.22）可知在这两个边界有 Neumann 边界条件，$\partial J_{2y}/\partial x|_{\partial\Omega_{LR}}=P_z$。

对于上下两个边界，由于存在两个注入电流的点，因此应分别进行考虑。除电流注入点 a 和 b 以外的区域，有边界条件 $J_{2y}|_{\partial\Omega_{UD}/ab}=0$、$\partial J_{2y}/\partial x|_{\partial\Omega_{UD}/ab}=0$，根据式（14.22）可知在这两个边界有 Neumann 边界条件，$\partial J_{2x}/\partial y|_{\partial\Omega_{UD}/ab}=-P_z$。针对两个电流注入点，引入描述它们的 Dirichlet 边界条件 $J_{2y}|_a=-I\delta(\boldsymbol{r}-\boldsymbol{r}_a)$ 和 $J_{2y}|_b=-I\delta(\boldsymbol{r}-\boldsymbol{r}_b)$，其中注入电流 $I=1\text{A}$。

结合这些边界条件，得到各分量的拉普拉斯方程边值问题分别为

$$\begin{cases}\dfrac{\partial^2 J_{2x}}{\partial x^2}+\dfrac{\partial^2 J_{2x}}{\partial y^2}=-\dfrac{\partial P_z}{\partial y}\\ J_{2x}\,|_{\partial\Omega_{LR}}=0\\ \partial J_{2x}/\partial y\,|_{\partial\Omega_{LR}}=0\\ \partial J_{2x}/\partial y\,|_{\partial\Omega_{UD/ab}}=-P_z\end{cases}\tag{16.24}$$

$$\begin{cases}\dfrac{\partial^2 J_{2y}}{\partial x^2}+\dfrac{\partial^2 J_{2y}}{\partial y^2}=\dfrac{\partial P_z}{\partial x}\\ J_{2y}\,|_{\partial\Omega_{UD/ab}}=0\\ \partial J_{2y}/\partial x\,|_{\partial\Omega_{UD/ab}}=0\\ \partial J_{2y}/\partial x\,|_{\partial\Omega_{LR}}=P_z\\ J_{2y}\,|_a=-I\delta(\boldsymbol{r}-\boldsymbol{r}_a)\\ J_{2y}\,|_b=-I\delta(\boldsymbol{r}-\boldsymbol{r}_b)\end{cases}\tag{16.25}$$

根据有限元或有限差分等数值方法，可以利用电流密度旋度的 z 分量分别重建出电流密度矢量的两个分量。由于式（16.24）和（16.25）所描述的边值问题有两个电极注入点，在该点处的电流密度为无穷大。为了避免在点电极附近产生较大电流密度的情况，将点电极改成在求解区域上、下两个边界的线电极，其边值问题也可以根据上述分析给出。

图 16.6 给出了二维模型中，利用有限元方法计算拉普拉斯边值问题的仿真结果。图 16.6（a）是原始电导率分布，图 16.6（b）是电流密度的旋度分布，图 16.6（c）和（e）是分别是原始的电流密度矢量 J_x 和 J_y ，图 16.6（d）和（f）是与其相对应的重建结果。这两个分量的重建图像与原始图像的相关度均达到 99.9%以上。

16.5　拟牛顿法重建电导率

在电流密度矢量已知的情况下，可以通过迭代的方法重建电导率。电压检测式磁声成像的互易过程是用两个电极向目标体中注入 1A 的直流电流，因此可用电标位 u_2 表示内部的电场 $\boldsymbol{E}_2=-\nabla u_2$ 。根据欧姆定律，电流密度与电导率之间满足 $\boldsymbol{J}_2=\sigma\boldsymbol{E}_2$ ，所以可得

$$\boldsymbol{J}_2=-\sigma\nabla u_2\tag{16.26}$$

其中，电标位 u_2 也是电导率 σ 的函数，因此在已知 $\boldsymbol{J}_2$ 的情况下重建 σ 是一个非线性规划问题。

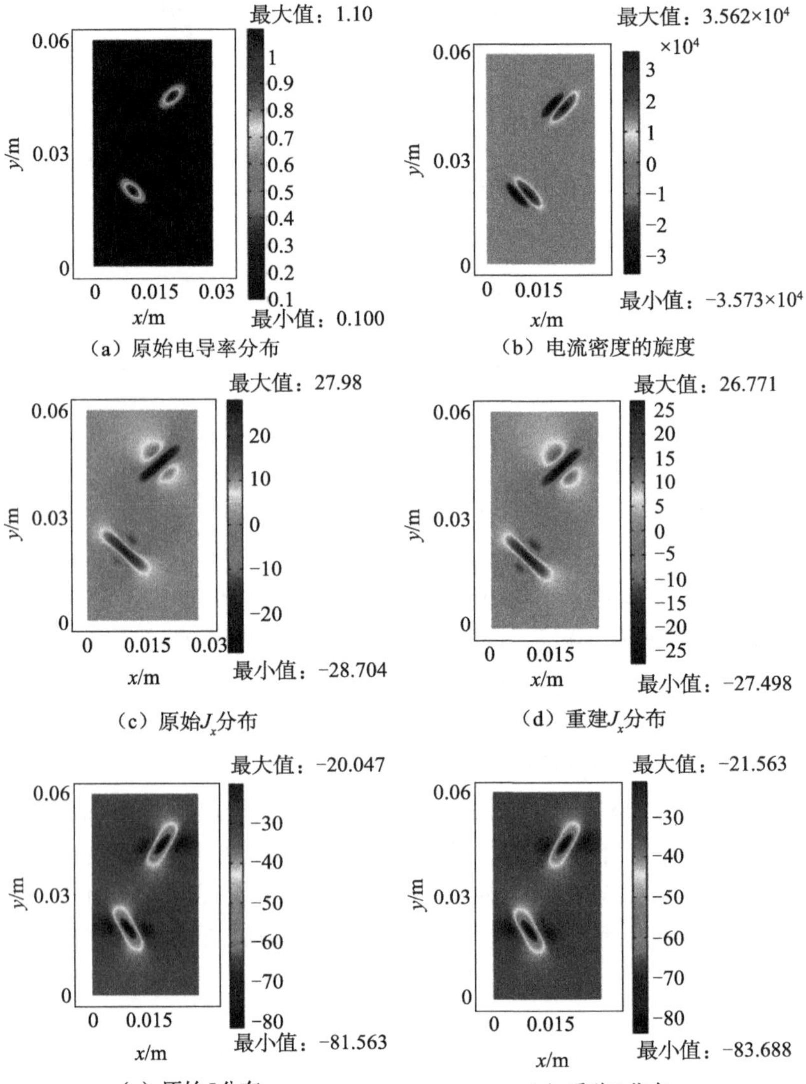

(a) 原始电导率分布　　(b) 电流密度的旋度

(c) 原始J_x分布　　(d) 重建J_x分布

(e) 原始J_y分布　　(f) 重建J_y分布

图 16.6　电流密度矢量重建结果图（后附彩图）

将二维成像区域离散为 M 行 N 列矩形小单元，假设第 i 个矩形区域中的互易电流密度矢量和互易电场强度矢量分别为 $\boldsymbol{J}_i$ 和 $\boldsymbol{E}_i$ ，且在矩形区域内部 σ_i 是均匀的。建立目标泛函

$$f=\frac{1}{2}\sum_{i=1}^{M\times N}\|\sigma_i\boldsymbol{E}_i-\boldsymbol{J}_i\|_2 \tag{16.27}$$

那么重建电导率σ_i的问题变为寻找最优的σ_i组合，使得目标泛函f取最小值，即求解下列最优化问题

$$\hat{\sigma}_i = \arg\min_{\hat{\sigma}_i \in R^{M\times N}}(f) = \arg\min_{\hat{\sigma}_i \in R^{M\times N}} \frac{1}{2}\sum_{i=1}^{M\times N} \| \sigma_i \boldsymbol{E}_i - \boldsymbol{J}_i \|_2 \tag{16.28}$$

写成矩阵形式有

$$\hat{\boldsymbol{\sigma}} = \arg\min_{\sigma \in R^{M\times N}} \frac{1}{2}(\boldsymbol{E\sigma} - \boldsymbol{J})^{\mathrm{T}}(\boldsymbol{E\sigma} - \boldsymbol{J}) \tag{16.29}$$

其中，$\boldsymbol{J}$表示由电流密度矢量构成的$M\times N$行的列向量，$\boldsymbol{E}$表示由电场强度矢量构成的$M\times N$行、$M\times N$列的对角矩阵，$\boldsymbol{\sigma}$表示电导率构成的$M\times N$行的列向量，$\hat{\boldsymbol{\sigma}}$是$\boldsymbol{\sigma}$的估计值。

由于二阶导数矩阵（Hessian 矩阵）具有较大的奇异性，一般采用拟牛顿的方法求解（详见附录 C）。利用附录 C 中的迭代格式，在给定初始电导率的前提下，可以通过迭代的方法进行电导率重建。利用磁声电成像正问题求得电压信号，重建电导率可以按如下步骤展开：首先利用第 15 章介绍的正演方法获得测量数据，然后利用时间反演法求出分布源，也就是互易电流密度的旋度，再利用电流密度矢量各分量满足的拉普拉斯方程分别求出电流密度矢量，最后由拟牛顿方法迭代求解电导率。

图 16.7 给出了原始电导率模型和按照上述步骤进行电导率重建的结果。其中图 16.7（a）是原始电导率分布，图 16.7（b）是利用拟牛顿中的 DFP 方法迭代 10 次的电导率重建结果，图 16.7（c）是迭代 20 次的重建结果。利用式（16.9）计算可得图 16.7（b）和（c）与（a）之间的相关度 RE 分别为 91.3%和 95.7%。

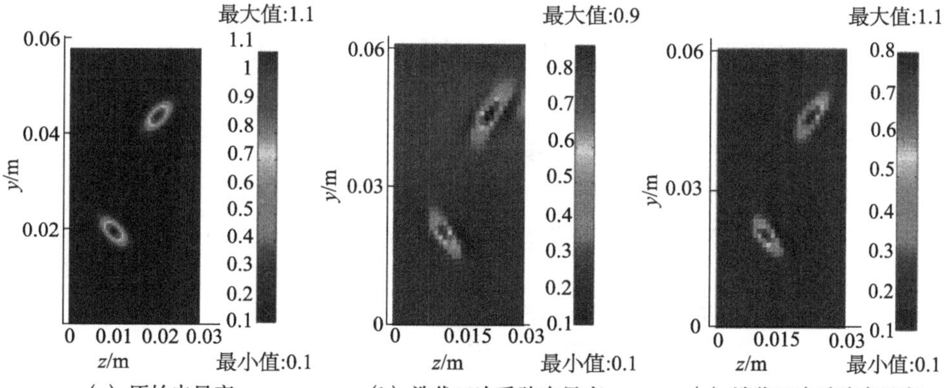

(a) 原始电导率　(b) 迭代10次重建电导率　(c) 迭代20次重建电导率

图 16.7 连续电导率分布模型的重建结果（后附彩图）

迭代类的重建算法一般要求被重建的对象在分布区域内具有一定的连续性。图 16.7（a）给出的电导率分布具有两个满足高斯分布的电导率异常体，在求解区域内可以认为是连续的。

如果在求解区域内具有分段均匀的电导率异常体，那么在电导率的交界面处会存在较大的奇异性，导致重建结果误差较大。但是如果在图像重建以后设定一个阈值，勾勒出边界不准确的结果，并进行剔除，只保留内部电导率信息，那么也可以得到相对精确的重建结果。

图 16.8 给出了剔除边界信息分段均匀电导率的重建结果。图 16.8（a）是原始电导率分布，图 16.8（b）是利用上述方法剔除边界后的重建结果。受到边界剔除的影响，重建结果与原始电导率的相关度 RE 降为 83.9%。

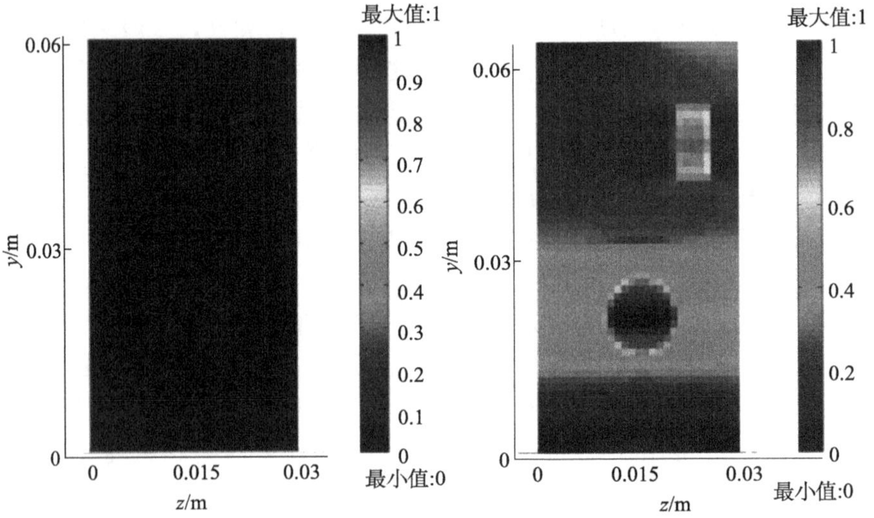

(a) 原始电导率分布　　　　　　　　(b) 重建电导率 (a.u.)

图 16.8　分段均匀电导率模型的计算结果（后附彩图）

参考文献

刘冰，付平，孟升卫 . 2010. 基于正交匹配追踪的压缩感知信号检测算法 . 仪器仪表学报，31(9)：1960-1965.

马昌凤 . 2009. 最优化方法及其 Matlab 程序设计 . 北京：科学出版社 .

肖庭延，于慎根，王彦飞 . 2005. 反问题的数值解法 . 北京：科学出版社 .

曾小平 . 2011. 磁声电成像方法研究 . 北京：中国科学院电工研究所 .

Cormack A M，Quinto E T. 1980. A radon transform on spheresthrough the origin in R^n and applications to the darboux equation. Transanctions of the American Mathematical Society,

260(2): 575-582.

Beylkin G. 1987. Discrete Radon transform. IEEE Transactions on Acoustics, Speech, and Singal Processing, ASSP-35(2): 162-111.

Burgholzer P, Matt G, Haltmeier M, et al. 2007 . Exact and approximative imaging methods for photoacoustic tomography using an arbitrary detection surface . Physical Review E, 75(4): 361-369.

Haider S, Hrbek A, Xu Y. 2008. Magneto-acousto-electrical tomography: a potential method for imaging current density and electrical impedance. Physiological Measurement, 29(6): S41-50.

Kunyansky L A. 2007a. Explicit inversion formulae for the spherical mean Radon transform. Inverse Problems, 23(1): 373-383.

Kunyansky L A. 2007b. A series solution and a fast algorithm for the inversion of the spherical mean Radon transform. Inverse Problems, 23(6): S11-S20.

Lustig M, Donoho D, Pauly JM. 2007. Sparse MRI: The application of compressed sensing for rapid MR imaging . Magnetic Resonance in Medicine : Official Journal of the Society of Magnetic Resonance in Medicine / Society of Magnetic Resonance in Medicine, 58(6): 1182-1195.

Montalibet A, Jossinet J, Matias A, et al. 2001. Electric current generated by ultrasonically induced Lorentz force in biological media. Medical & Biological Engineering & Computing 39: 15-20.

Xu M, Xu Y, Wang L V. 2003. Time-domain reconstruction algorithms and numerical simulations for thermoacoustic tomography in various geometries . IEEE Transactions on Biomedical Engineering, 50(9): 1086-1101.

Xu M, Wang L. 2005. Universal back-projection algorithm for photoacoustic computed tomography . Physical Review E, 71(2): 151-155.

Xu Y, Wang L. 2004. Time reversal and its application to tomography with diffracting sources. Physical Review Letters, 92(3): 033902.

Xu Y, He B. 2005. Magnetoacoustic tomography with magnetic induction (MAT-MI) . Phys Med Biol, 50(21): 5175-5187.

Xu Y, Haider S, Hrbek A. 2007. Magneto-acousto-electrical tomography: a new imaging modality for electrical impedance. ICEBI 2007, IFMBE proceedings, 17: 292-295.

第 17 章　实验系统与实验研究

17.1　实验系统总体设计

基于互易定理的电压检测式磁声成像原理如图 17.1 所示，成像系统包括激励系统（声源和永磁体）、电压检测系统和软件系统。其中激励系统和电压检测系统为硬件系统，软件部分包括重建算法、图像处理算法和图像显示。重建算法指的是由测量的电压信号反演目标体内电流密度或其旋度，进而反演出电导率的算法；而图像处理算法指的是将电阻抗信息转换成灰度值并进行显示的算法。对于电压检测式磁声成像，无论是直接法成像（Wen et al.，1998）还是互易法成像，在硬件系统没有区别。在软件上，直接法的重建算法可直接由振动速度、静磁场和测量电压重构电导率分布，互易法成像算法则先重建互易场再重建电导率。

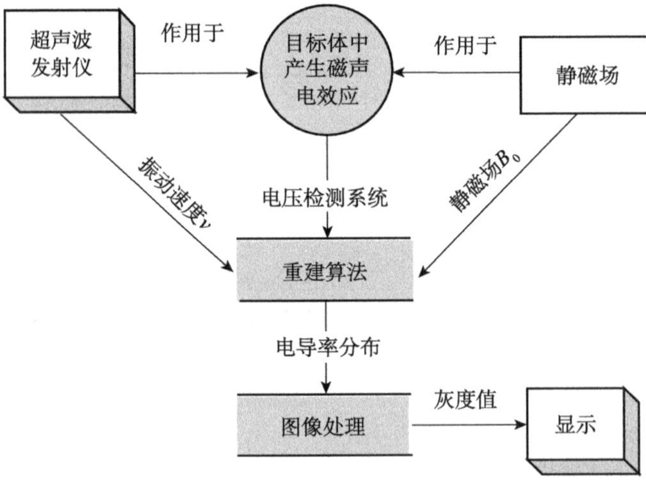

图 17.1　电压检测式磁声成像系统原理框图

实验系统如图 17.2 所示，目标体（样本）置于静磁场中，超声探头扫描组织，由一对电极测得表面的电压信号，经高频小信号调理电路放大滤波、数据采集后送到计算机进行相关处理。实验系统设计的关键问题包括超声波参数选择、磁体选择、电极选择、弱信号检测及处理。

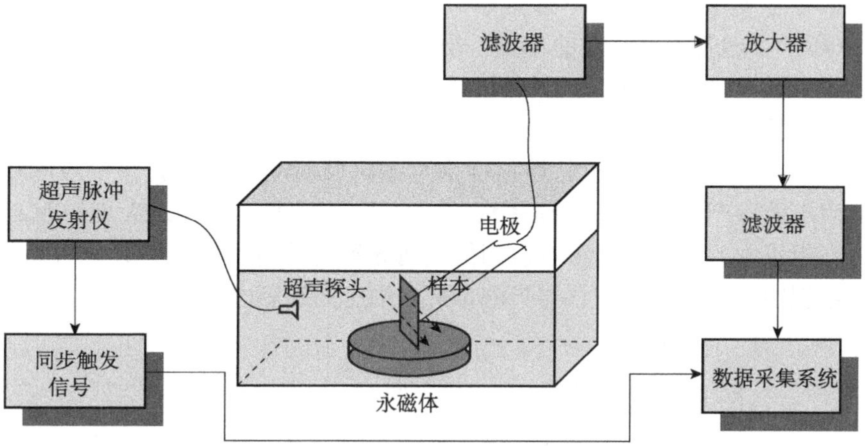

图 17.2 实验系统框图

17.2 激励系统

本节以生物组织成像为例，叙述激励系统。

利用超声波激励并提取生物组织各种信息，通常通过医用超声换能器实现。超声换能器可将高频电能转换成机械能而发射超声波，又可对超声回波进行接收而转换成电能，是一种电-声、声-电转换器件。在成像中，超声换能器的选择要综合考虑脉冲尺寸、耦合方式、焦斑大小、声压大小和频率等参数。其中较为关键的是超声频率的选择，需要同时考虑因超声频率不同在组织中产生的电磁场效应和声场效应。

首先，在电压检测式磁声成像中，采用不同频率的超声波会产生相应频率的局部电场源，在测量相同组织的电特性时，激励源的频率不同，测量到的组织电特性也不同。简单地说，导电特性参数即电导率反映在当外部电场施加于组织上时其内部产生的电流密度分布上；而介电特性参数即介电常量反映的是特定外部电场施加于组织上时，产生的电极化矢量。而这两个参数都随着所施加电场的频率的变化而变化。因此，组织电特性对外加电场频率的依赖性对于理解组织电参量与生理参数之间的联系非常重要。

在任何情况下，组织电特性参数都由参与导电的组织成分决定（Stoy et al.，1982）。在音频（低于 20kHz），参与导电的仅有细胞外液，因为此时细胞膜呈现高阻抗的状态。只有当频率达到一定的值后，细胞内液中的离子才参与导电，这个频率被称为细胞膜的频散频率。频散频率由细胞的膜容性和细胞大小决定，一般为 1MHz 左右。当外加电场的频率超过频散频率，细胞膜不再起高阻的作用，而是整个细胞均参与导电。一般而言，细胞越小，细胞膜的频散频率越高。如图 17.3 所示，随着电场频率的增加，更多更小的细胞参与导电，人体内组织细胞的最大频散频率达到 GHz。当电场频率到达 GHz 频段时，所测量到的组织电导率和介电常量是包括水、离子，甚至组织蛋白一起参与导电的结果（苗振魁等，1993）。因此，从组织电特性角度来考虑电压检测式磁声成像中声场频率选择，磁声电效应产生的电场的频率范围应小于 10MHz。原因是大于 10MHz 时，电信号在组织中的衰减严重影响被测信号而导致信号幅度小。在 1M～10MHz 频段内，组织中的细胞外液均参与导电，部分细胞的细胞内液也对组织电特性参数有所贡献。

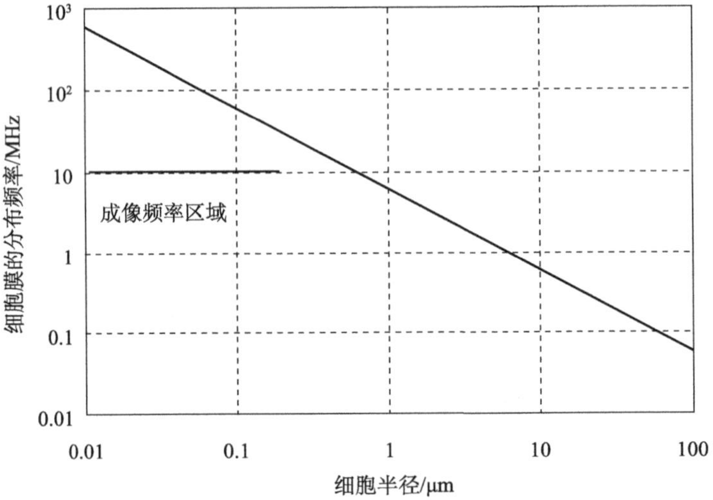

图 17.3 细胞膜频散频率与细胞半径之间的关系示意图

其次，超声源频率的选择还需考虑声场在组织中传播的声场特性。与传统超声成像类似，频率和波长在成像中是两个极为重要的参数，波长决定分辨率，而频率则决定成像组织的探测深度。超声波的频率为 20k～1000MHz，而用于人体测量的则是 1～15MHz。表 17.1 给出了医学超声诊断设备中常用的几种超声波频率、波长、周期和极限分辨率。由表可看出，超声成像的极限分辨率为超声的半波长，因此，提高超声频率，在理论上能够提高超声成像的分辨力。对于短脉冲群，其频率并不是一个单值，而是具有一定带宽的多频函数。对于这样的一个短脉冲，在计算其分辨力时，往往采用其中心频率来计算。需要指出的是，实验结果表明在医学超声频率 1～15MHz 范围，人体组织对超声波的吸收系数几乎与超声频率成正比，如人体软组织中的平均衰减系数为 0.81dB/（cm·MHz）。频率越高，吸收系数越高，不利于能量的传播，会降低系统的信噪比。因此，医学超声在人体内深部组织成像时要采用 3MHz 以下的超声波。

表 17.1 频率、波长、周期和极限分辨率的关系 (1500m/s)

频率/MHz	1	2	2.5	3	3.5	5	7.5	10	15
波长/mm	1.5	0.75	0.6	0.5	0.43	0.3	0.2	0.15	0.1
周期/μs	1	0.5	0.4	0.33	0.29	0.2	0.13	0.1	0.06
极限分辨率/mm	0.75	0.375	0.3	0.25	0.22	0.15	0.1	0.075	0.05

综合考虑，电压检测式磁声成像中超声源的最佳频率段为 1M～3MHz。在该频率段，不考虑超声在组织中的衰减问题。事实上，在医学超声学中，在某些特定的情况下，在低频时这种近似是合理并且常见的。在传播过程中，超声波强度降低一半时的距离称为该组织的半值层，在医学超声工程中，通常用半值层的概念来说明生物组织对超声波衰减的大小。表 17.2 给出半值层数据，1MHz 的超声在血浆中的半值层深达 100cm。

表 17.2 人体组织的半值层

人体组织	半值层/cm	测试频率/MHz
血浆	100.0	1.00
血	35.00	1.00
脂肪	6.90	0.30
腹肌	4.90	1.50
肌肉	3.60	0.80
脑（固定标本）	2.50	0.87
肝（离体 20h）	2.40	1.00
肾	1.30	2.40
心肌	2.10	0.80
颅骨	0.80	2.40

在超声诊断中，换能器通常工作在脉冲状态下，在本实验系统中，也采用脉冲超声，并且空间轴向分辨率取决于脉冲持续时间，即超声传播方向的空间分辨率为超声脉冲在轴向上的跨度，因此理论上来讲，本实验系统中要求极窄脉冲。为了提高分辨力和减小探查的盲区，除了适当提高频率外，希望发射的超声脉冲在满足功率的条件下尽可能短（减少脉冲群波数 N）。为了得到窄脉冲，除电路激励源的脉冲宽度要尽量窄外，还要求换能器工作在重阻尼状态下，亦即在换能器压电晶片的背部加吸收块。

超声波在气-固、气-液交界处进行传播时，需要在超声发射器与组织之间进行良好的声耦合，以防止能量在皮肤界面的反射，通常使用耦合剂并使探头紧贴在涂有耦合剂的皮肤表面。在本实验系统中，考虑到实验的方便性，采用水声探头，水能容易地充满除接触点外的所有空隙，方便任意移动探头与样品之间的距离和移动探头进行扫描，避免了使用通用医用耦合剂。

横向分辨力是指垂直于超声波束轴方向上的分辨力。横向分辨力与超声波束直径大小有关，波束直径越细，能分辨的尺寸越小，横向分辨力越高。在近场，平面探头波束在近场的宽度约为探头平面直径 D ，在远场超声波束发散，则最高分辨力为 D 。因此，采用聚焦式探头，减小焦斑尺寸能够提高磁声电方法的横向分辨力。

超声波的声压强度也是超声发射系统的一个重要参数。由于成像中局部电场源的大小与离子振动速度即与超声波的声压成比例关系，所以，强声压是提高整个系统的探测灵敏度和信噪比的一个必要条件，同时，提高声压能加大探测深度。但是，声压加强是有一定限度的，由于超声波具有机械作用、空化效应、热效应和其他生物化学效应（万明习，1992），在频率一定的情况下，超声能量达到一定的强度时，能产生使细胞引起破坏性形变的空化效应，因此医用超声辐射剂量关系到人体安全。国际上推荐的安全剂量是 10mW/(cm^2 · h)。我国对于医用超声设备输出的超声信号安全剂量也有严格规定。

本实验系统采用的脉冲发射仪为奥林巴斯 5058PR，可提供 0～900V 连续可调的脉冲电压；重复频率从 20、50、100、200、500、1k、2kHz 可调；探头采用中心频率为 1MHz 的水浸聚焦探头 A303S-SU，其带宽为 0.6MHz。波形和频谱如图 17.4 所示。

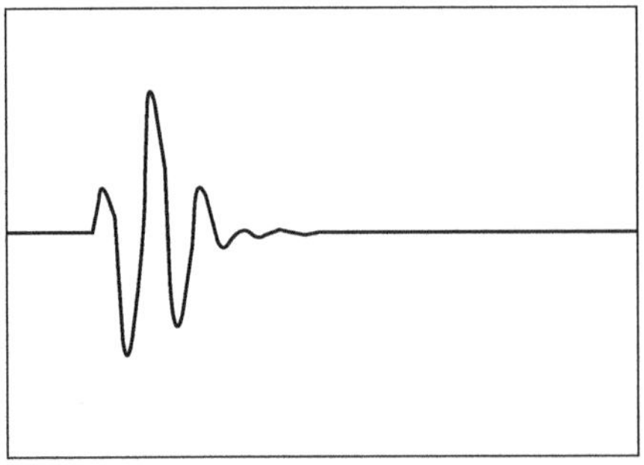

探头波形

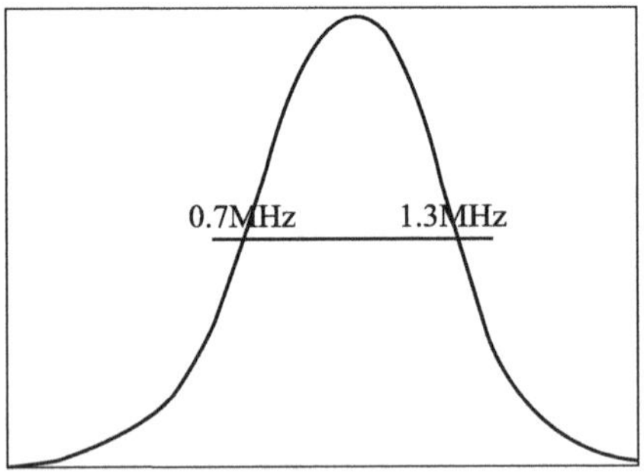

波形频谱

图 17.4　探头波形和频谱图

实验系统中需要均匀磁场 $\boldsymbol{B}_0$，需要通过磁场激励源提供。提供磁场环境的磁场激励源称为磁体，磁体包括电磁体和永磁体。为了避免电磁体引进的电磁干扰，优先选用永磁体。本实验装置中采用的永磁体材料为钕铁硼，形状为圆柱体，该圆柱体磁体直径为 10cm，高为 4cm。图 17.5 给出了该永磁体矩形中心区域的磁通密度分布，所有数据由 CH-HALL 高斯计 1600 贴近磁体测量所得。从图 17.5 中可以看出，越靠近中心区域，磁场变化越趋于平衡，因此，实验中，常常采用约 2cm 见方的中心区域作为工作磁场区，在工作区域内磁通密度约为 0.2T。

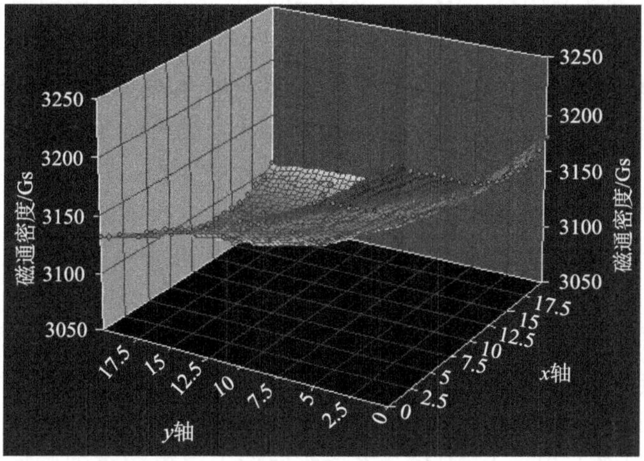

图 17.5 永磁体的磁通密度分布

17.3 信号采集与测量系统

由于直接与人体接触，处于测量系统最前端的电极上接收到的信号，包括有用信息、噪声（包括接触阻抗引起的噪声）、伪差、极化电压等，这些信号都会进入后续电路被放大、传输，并参与信号处理过程，最终影响数据结果（Rahman et al.，2007）。因此，电极要求尽量降低与皮肤之间的接触阻抗使之有效地提取前端信息。通常的电阻抗测量系统中使用表面电极，由于皮肤最外层是老化死亡的干燥的角质层，具有很高的阻抗，常常需要必要的处理以保证电极与皮肤之间的电学连接（Mayer et al.，2006）。这些操作包括：①用酒精棉擦拭皮肤去除增加接触阻抗的油脂及老化的表皮；②涂抹导电膏；③固定电极。由于这种电极使用不便，长期使用对皮肤有损害，近年来，研究工作者转而研究微机械电极测量生物电势，既能保证良好的电学连接，又不会对人体造成痛觉。由于电压检测式磁声成像的测量系统仍然是组织表面电势差的测量，因此以上所述电极及电极定型规则在此成像方法中依然适用。

在实验研究工作中，采用铜片、盐水和琼脂块作为实验样品。实验样品改变，电极材料和结构都需要重新定型。当采用铜片作为样品时，其表面上的电势差可通过一根同轴电缆的两股导线引出；当采用盐水和琼脂块作为实验样品时，同样的，降低接触阻抗成为设计电极的关键。本实验系统中采用良导体的铜片作为电极，考虑到铜片在盐水中易氧化，在液固面上形成较大的接触阻抗。经实验测量，两块未加工的铜片测量到的饱和 NaCl 溶液的阻抗在 10MΩ 级，远大于饱和盐水约 100Ω 的实际阻抗。为了解决这一问题，实验研究中所有盐水及琼脂实验所用电极均镀金。在自然界中，金为仅次于银、铜的良导体金属，具有很好的稳定性，且不易腐蚀，除此之外，金还是最富延展性的金属。金的这些属性使镀金铜片电极与盐水及琼脂块之间的接触阻抗很小，能够满足检测需要。确定电极材料之后，在电极结构的选择中应当考虑尽量减小面积，以避免因电极面积过大影响组织内部的电磁场分布。实际测量显示，镀金电极插在溶液中，测量到饱和 NaCl 溶液两极之间的直流电阻抗为 100Ω 左右，与普通铜片电极相比，大大地降低了接触阻抗。

由于所测信号为微弱射频信号，高频小信号调理电路的性能影响着整个测量系统的性能，包括多级信号放大电路和模拟滤波电路。信号的放大电路频带要包含采集信号的频带。在生物电压检测式磁声成像系统中，对信号放大器的技术指标要求：工作频率 100k～10MHz，该频率远大于覆盖超声波脉冲的带宽（探头中心频率 1MHz、带宽 0.6MHz）；总体放大倍数大于 60～120dB 分挡可调，能够满足采用不同样品时不同量级信号的有效测量。

噪声系数：在测量弱信号时，如果接收机的噪声系数比较大，有用信号会淹没在系统产生的噪声中，需要在接收机的前端加一个低噪声放大器以降低整个系统的噪声系数，提高系统的灵敏度。微弱信号放大往往采用多级放大，根据多级系统的噪声系数的特性，整个系统的噪声系数主要由低噪声放大器的噪声系数所决定。因此，低噪声放大器的噪声系数是一项重要的指标。本系统要求能测量微伏级信号，当带宽约为 4MHz，单位带宽噪声为 $V_n = 0.5\text{nV}\sqrt{\text{Hz}}$ 时，其等效噪声带宽为 $\Delta f_N = \pi \cdot \Delta f/2$ ，因此，总噪声为 $V_N = V_n \cdot \sqrt{\Delta f}_N = 1\mu\text{V}$ ，该噪声水平对于微伏级的信号的提取无法造成影响。

输入阻抗：根据电压测量原理，理想的电压测量电路要求输入阻抗远大于测量电极两端的内阻。输入阻抗越大，测量电压越接近于真实值。对于频率为 100k～10MHz 的信号，输入端存在 10p～40pF 的分布电容，输入阻抗约等于该分布电容的阻抗，即输入阻抗约为 $1/\text{j}\omega c$ 。考虑到实验中铜片的阻抗很小，浓盐水的阻抗在 75Ω 级别，而人体组织的电阻抗也在 50Ω 左右。因此，测量电路输入阻抗大于测量电极两端的内阻，采用输入阻抗为 50Ω 的放大器是合理的。

综上所述，选择 MITEQ 公司的射频低噪声放大器 AU-1447-BNC 作为前置放大器。该放大器的工作频率为 1k～400MHz，增益为 60dB，噪声系数为 1.3dB，单位带宽噪声典型值为 $0.5\mathrm{nV}/\sqrt{\mathrm{Hz}}$，输入阻抗为 50Ω，满足以上所述的各项主要技术指标。

在盐水实验中信号值很低，有必要采用第二级放大。第二级放大采用奥林巴斯 5662，增益 34dB 和 54dB 两挡可调，输入阻抗和输出阻抗为 50Ω。

就 AU-1447-BNC 来说，近 400MHz 的带宽在测量时会引入足以淹没信号的噪声，因此，有必要在前置放大器前后放置适当的模拟滤波器。当探头中心频率为 1MHz 时，使用模拟低通滤波器，其技术指标如下：高频截止频率为 3MHz，要求尽量平坦，输入输出阻抗与前后模块的阻抗匹配，即大小相等，使得每一次输出均为最大功率输出。另外，在高频电路中，原则上是使信号源阻抗、电缆线阻抗、前置放大阻抗及第二级放大阻抗四者相等匹配。因此，本系统中，选用的传输线都是双层屏蔽阻抗为 50Ω 的屏蔽线。

在生物医学测量中存在着各类干扰和噪声，信号滤波是消除干扰和噪声的最主要方法。在生物医学信号的提取、处理过程中，滤波器和放大器一样占有十分重要的地位。模拟滤波器在各种预处理电路中几乎是必不可少的，已成为生物医学仪器中的基本单元电路。为了尽量减小由放大器和导线引入的噪声，设计了低通截止频率为 3MHz 和 4MHz 的低通模拟滤波器和中心频率为 2.5MHz、带宽为 3MHz 的带通截止频率供选用。当使用 1MHz 的探头时，采用截止频率为 3MHz 的低通滤波器。当采用 2.5MHz 探头时，信号进入第一级放大器之前经截止频率为 4MHz 的低通滤波器滤掉高频噪声，在第一级放大与第二级放大及放大器与数据采集系统之前使用带通滤波器滤掉噪声和干扰成分。

为了满足采用不同探头时的实验需要，设计了 3MHz、4MHz 的低通滤波器和 1M～4MHz 的带通滤波器。经测试，滤波器运行良好，与仿真结果吻合。测试信号由 NF 的 WF1974 提供，频率 0.01μ～30MHz 连续可调，信号经滤波器后接到数据采集系统进行采集显示。

电极检测到的电压信号需要经过数据采集转化为数字信号存储到计算机中，才能进行相应的处理并最终反演出组织的电阻抗分布。

本数据采集系统采用基于 PCI 总线的阿尔泰 PCI8002A 高速数据采集卡，数据显示选用 Advanced Software Engineering 公司的 ChartDirector 5.0 C++ Edition 控件。如图 17.6 所示，通道 1 显示的是超声脉冲激励源发出的同步触发信号，通道 2 显示的是由电极检测到的铜片实验的电压信号。电极检测到的模拟信号经数据采集卡采集转化为数字信号后，存储到计算机进行后续的信号处理和图像处理。

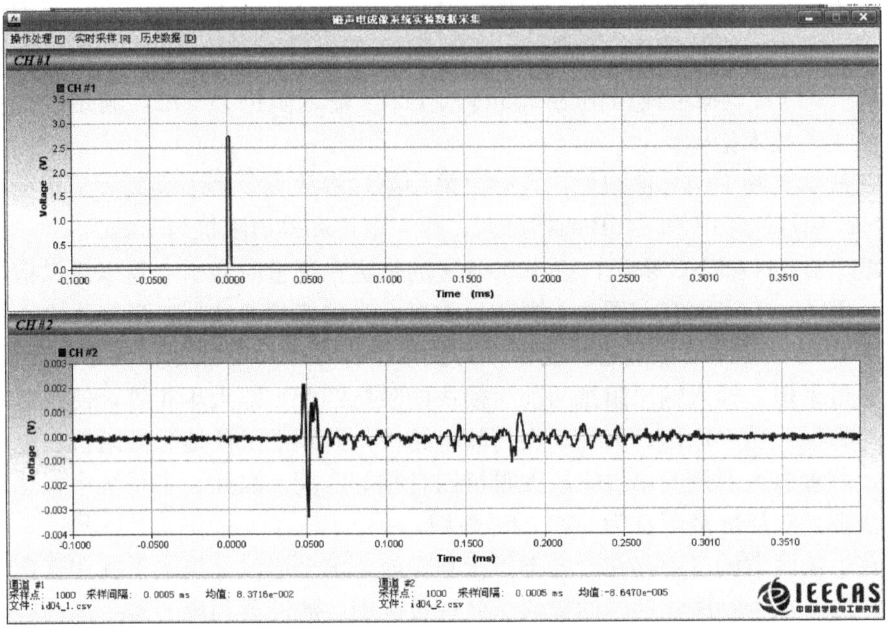

图 17.6　数据采集卡波形显示界面

17.4　实 验 研 究

17.4.1　铜片实验验证

为了验证电压检测式磁声成像方法的互易场积分方程，设计了铜片实验，其实验装置示意图如图 17.7 所示。超声聚集探头中心频率为 1MHz、带宽为 0.6MHz，沿 x 轴垂直入射到样品上，电压信号经 3MHz 低通滤波器滤掉高频信号后进入低噪声前置放大器 AU-1447 放大 60dB，随后进行采集显示。磁场由圆柱型永磁体提供。样品垂直于永磁体表面放置，超声探头发出的超声束与样品表面及磁场强度方向正交。为了尽量避免引入由超声探头及其他电子设备带来的电磁干扰，有机水箱中充满去离子水，样品放在充满绝缘油的透声箱中，透声箱在 x 轴的两面由透声膜构成。经双层屏蔽的 50Ω 导线连接到滤波器上，滤波器在 1MHz 时输入阻抗为 50Ω。为避免声场受回波影响，水箱应足够长或者在水箱壁加吸声海绵。

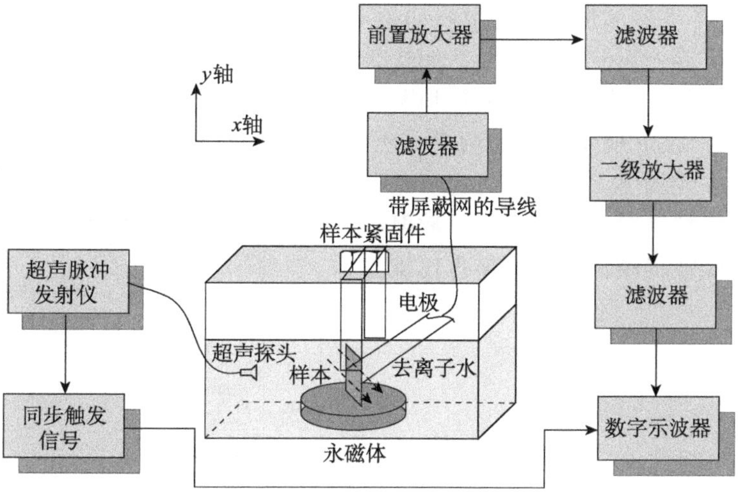

图 17.7 实验装置示意图

实验中所用样品为紫铜片，该铜片长 6cm、宽 5cm、厚 1mm。探头激励脉冲设定为 400V，重复频率为 20Hz，探头到样本的距离为 7cm，总放大倍数为 1000 倍，示波器采用 16 次平均时得到如图 17.8 所示的铜片发生磁声电效应产生的电压信号。

如图 17.8 所示，第一个峰为示波器的自动触发信号，第二个峰为铜片上采集到的信号。已知探头到样品的距离为 7cm，图中可看出从激励源同步信号发出到采集到边界电压的延时为 45μs，与超声脉冲从探头面传播到样品面的时间吻合，由此可判断该信号是由声场的作用产生的。撤掉磁体或单撤掉声场，其他条件不变，重复以上实验步骤，没有信号产生，进而判断出该信号由磁场和声场共同作用产生。根据电压检测式磁声成像原理，在电导率和密度突变时产生信号，由于铜片厚度仅 1mm，而紫铜内的声速约为 4.7mm/μs，无法区分出两个边界，所以，理论上产生的两个边界信号会发生重叠，实验结果与理论吻合。

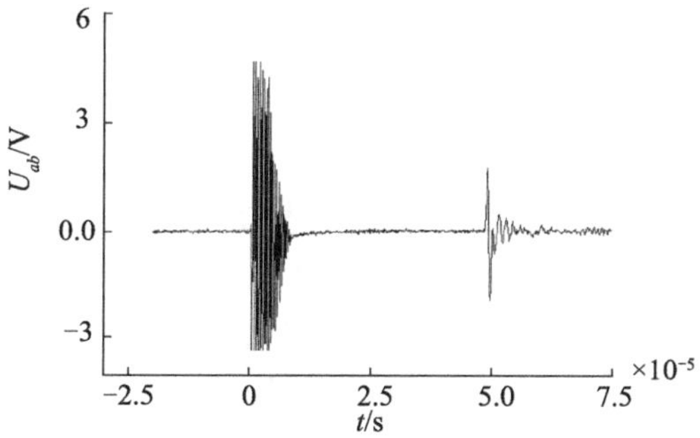

图 17.8 信号验证实验所测电压信号

查看图 17.8 所示信号的细节，如图 17.9 所示，在超声波进入样品和穿透样品时，信号呈现一正一负两个峰。如式（12.1）所示，电压信号为超声净冲量与 σ/ρ 的梯度的卷积。在绝缘油-铜片和铜片-绝缘油两个界面处的 $\nabla(\sigma/\rho)$ 互为相反数。因此，图 17.9 所示的信号两个一正一负的峰与理论吻合，其频谱分析图表明该信号的主频约为 1MHz，与超声探头的主频相近，但略有频移。这是因为超声波在介质中传播时，发生反射、散射和吸收，低频成分比高频成分能传播得更远，因此，传播得越深，低频量占比重越大。

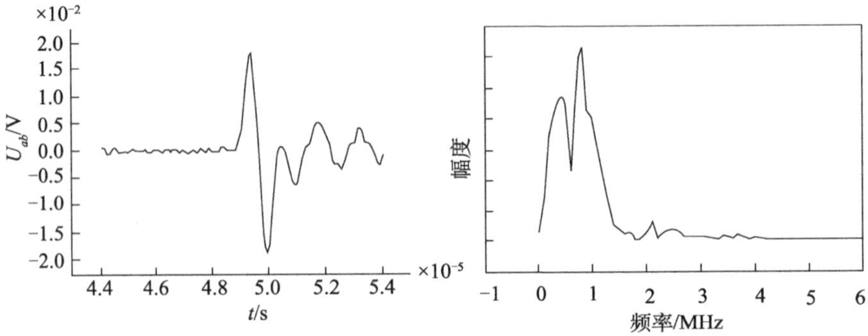

(a) 电压信号　　(b) 频谱图

图 17.9　信号细节

进一步地，移动探头改变探头与样品之间的距离分别测得距离为 7cm、10cm 和 16cm 时的电压信号。如图 17.10 所示，从上至下的三个波形分别对应距离为 7cm、10cm 和 16cm，信号延时分别约为 50μs、75μs 和 110μs。进一步验证了所测信号是由磁场和声场耦合作用产生的。同时，由图中不难看出，随着探头与样品的距离增大，信号幅度减小。首先，这是因为探头为聚焦探头，焦距为 6cm，超声路径中，偏离焦距越远，则声压越弱，导致样品中的带电载荷的振动速度减小，从而信号变小。其次，水声探头在水中传播时有不能忽略的衰减（汪德昭等，1981）。

17.4.2　氯化钠溶液实验及结果分析

由式（12.1）可知，生物组织两点表面电极的测试电压在梯度 $\nabla(\sigma/\rho)$ 不为零的位置不为零，即当置于磁场中的样品的超声波传播路径中电导率变化时，磁声电效应会在样品的两点电极的测量电压上表现出来。虽然在前述的铜片实验中，铜片实验取得比较好的效果，测到的电压信号大，但是铜片薄并且铜中的声速大，采用铜材料作为样品难以测出式（12.1）中所描述的材料的两个边界。为了测得多个边界的现象，采用 NaCl 溶液作为磁声电多边界测量实验的样本。选择 NaCl 溶液作为实验样本的理由有：NaCl 溶液易于制备；NaCl 为

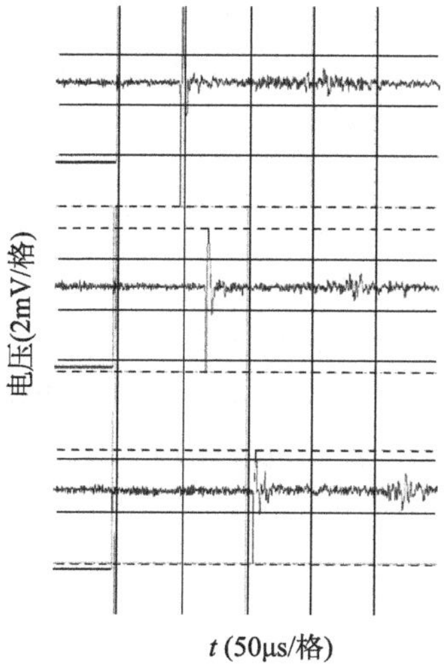

图 17.10 探头到样品距离变化时的所得信号对比

强电解质，NaCl 溶液易于实现极好的声耦合。进一步的实验中，采用具有一定电导率的琼脂块模拟生物组织，它通常可方便地由 NaCl 溶液配备而成；采用 NaCl 溶液的实验可作为琼脂块实验的预热实验，为进一步的实验研究提供有用的参考。

不同浓度的 NaCl 溶液呈现不同的电特性。在常温下，强电解质溶液的电导率与溶液浓度呈线性关系（陈丽梅等，2010）。在化学上的解释是：强电解质溶液浓度增加，溶液中的载流子数目增多，电导率也就增加（史长华等，2006）。由磁声电理论，样本的电导率越大，则同等大小的声场和磁场的耦合下产生的局部电场源越大。因此，本实验中，拟采用饱和 NaCl 溶液作为样本，加大 NaCl 溶液的浓度，提高系统的信噪比和灵敏度。

由于现有实验系统的信号调理电路的输入阻抗为 50Ω，因此，要确保 NaCl 溶液中两电极之间的电阻抗为 50Ω 左右。对溶液电导率的测量通常采用电导率仪，本实验中采用上海精密仪器仪表有限公司生产的 DDS-307 电导率仪进行测量。电导率的测量原理是按欧姆定律测定平行电极间溶液部分的电导。但是，当电流通过电极时，会发生氧化或还原反应，从而改变电极附近溶液的组成，产生“极化”现象，引起电导率测量的严重误差。该电导率仪采用高频交流电测定法，使得电极表面的氧化和还原迅速交替进行，减少测量误差。

电导率仪由电导电极和电子单元组成。电子单元采用适当频率的交流信号的方法，将信号放大处理后换算成电导率。仪器中配有与传感器相匹配的温度测量系统、温度补偿系统、温度系数调节系统、电池常数调节系统等。该电导率仪的特点是数字显示，测量精度高，显示清晰，有溶液的手动温度补偿。除 A/D 转换外，仅用一块集成电路，可靠性好，操作方便，便于用户使用。其缺陷是适用于测量低浓度的溶液电导率。为了得到饱和 NaCl 溶液的电导率，采用由低浓度 NaCl 溶液的电导率的拟合曲线进行读数的方式得到高浓度的 NaCl 溶液的电导率。

用蒸馏水和纯度为 99.5%的 NaCl 晶体制备 200mL 的 NaCl 溶液，测量了浓度 0.025～0.2g/mL 的 NaCl 溶液在温度为 20℃时的电导率。进行线性耦合，得到如图 17.11 所示的常温下 NaCl 溶液浓度与电导率拟合曲线。由该曲线可以读取不同浓度 NaCl 溶液的电导率。当 NaCl 溶液达到饱和时，也就是每 100mL 溶液中溶解有 36g 的 NaCl 晶体时，其电导率应为 3.155S/m。

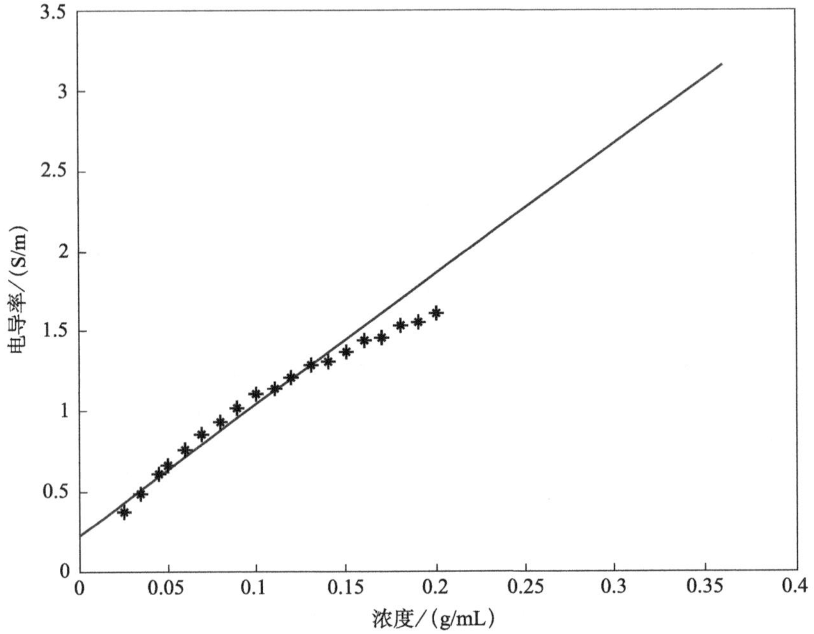

图 17.11　NaCl 溶液电导率随浓度变化关系

为了使 NaCl 溶液样本中具有电导率与质量密度比的突变界面，如图 17.12 所示，在 NaCl 溶液中加入一块长方体有机玻璃，该有机玻璃为绝缘体，纵波声速为 2730m/s。其中，超声探头到透声膜 1 之间的距离为 46mm，透声膜 1 到有机玻璃块的距离为 9mm，有机玻璃厚 11mm，超声波透出有机玻璃后传播 8mm 后到达透声膜 2。因此，本实验中，超声波穿过的具有电导率与质量密度比突变的界面有四个，分别为：透声膜 1 所处的界面 z_1 处，存在着透声膜- NaCl 溶液界面；超声波进入有机玻璃块的第一个面即 z_2 时，存在着 NaCl 溶液-有机玻璃界面；超声波穿出有机玻璃时，在 z_3 处存在着有机玻璃- NaCl 溶液界面；当超声波穿出透声箱，在透声膜 2 所处的 z_4 处有 NaCl 溶液-透声膜界面。

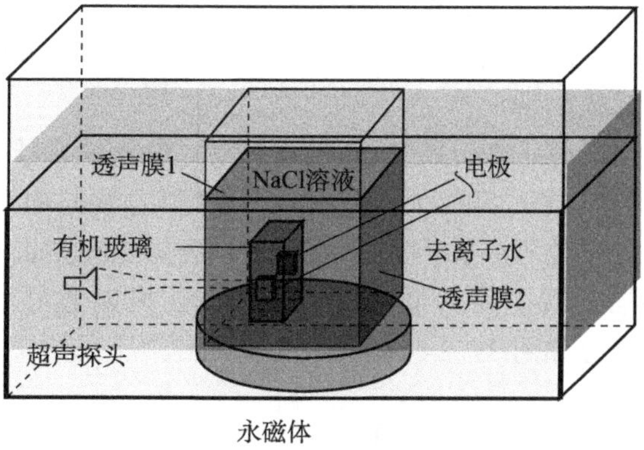

图 17.12 多边界测量实验示意简图

为了降低干扰，仍采用去离子水作为水声探头的耦合剂，饱和 NaCl 溶液置于透声箱中，泛美聚焦探头在 900V 的脉冲激励下发出 1MHz 的超声波，超声脉冲穿过透声膜 1 作用于透声箱中的盐水-有机玻璃样本，然后传播到透声膜 2。电极两端的电阻抗经测量约为 70Ω，在边界处产生的电压信号经镀金铜片电极传到 3MHz 低通滤波器，经两级共 114dB 放大后，再经过一个低通滤波器传至安捷伦 MSO7104A 示波器，信号在示波器上的显示如图 17.13 所示。

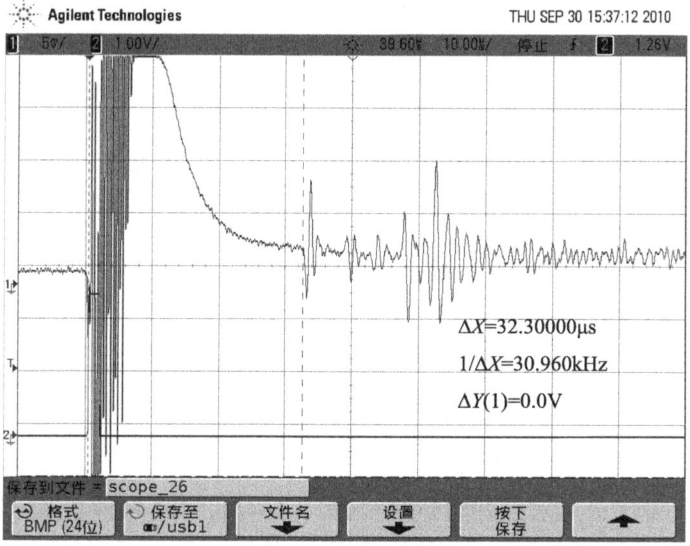

图 17.13 多边界测量实验信号的示波器显示

在触发信号过后，引入了低频脉冲干扰，它随探头激励电压增大而增大，产生的原因可能是：加在探头上的激励脉冲耦合到 NaCl 溶液中，引起了干扰；为了采集 NaCl 溶液中产生的小信号，采用的多级放大使触发信号超过了示波器的量程，导致低频干扰的出现。

采集到实验数据之后，在分析实验结果之前，先进行信号处理去掉干扰及噪声。被测信号小，系统放大倍数大，导致了采集到的数据中含有大量的随机噪声。通常情况下，对于处理白噪声的一种有效方法是多次测量平均。另外，针对大干扰，观察其特征发现主要为低频成分，因此，可以通过数字滤波的方式去除。数据采集处理流程如图 17.14 所示。

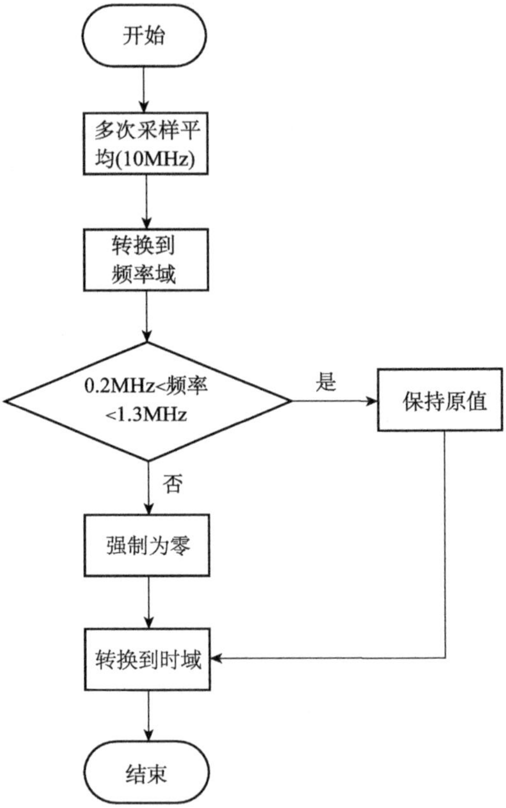

图 17.14　数据采集处理流程

模拟信号需经 AD 采集并通过多次采样平均的方式去掉白噪声，到数字信号才能进行数据信号处理。本实验中信号采信频率为 10MHz，平均次数为 65536 次，数据存储长度为 1000 点。扩展加零到 1024 点后，作快速傅里叶变换转换到频域。带通滤波的高通截止频率设为 1.3MHz，低通截止频率为

0.2MHz，通过一个截止频率为 0.2MHz 的高通滤波加一个截止频率为 1.3MHz 的低通滤波实现。令当频率小于 0.2MHz 或大于 9.8MHz（采样频率为 10MHz，10MHz－0.2MHz）时幅度值为零，实现了 0.2MHz 以上的高通滤波；令当频率大于 1.3MHz 并且小于 6.3MHz（奈奎斯特频率为 5MHz，5MHz＋1.3MHz）时的幅度值为零，实现 1.3MHz 以下的低通滤波。滤波后经快速傅里叶反变换转换为时域信号后截取 1000 点，就得到了所需要的信号如图 17.15 所示。

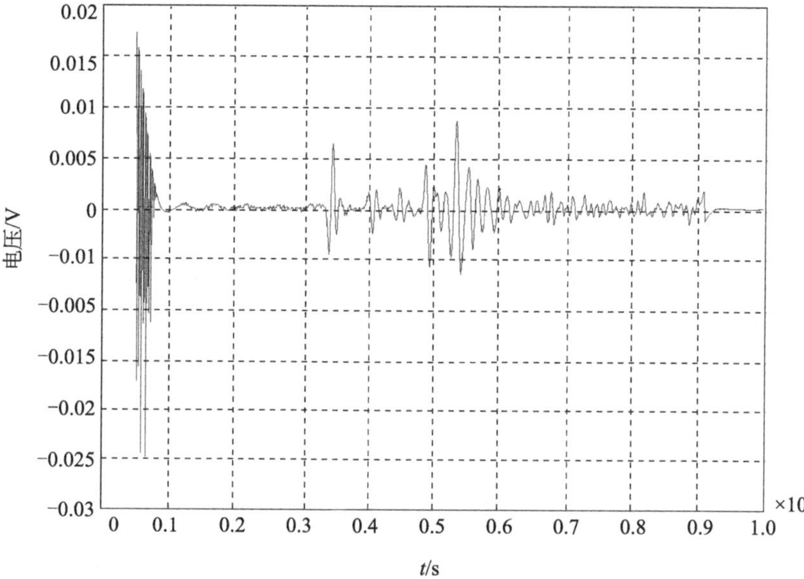

图 17.15 通过 IFFT 转换处理后的实验数据

数据在去除了随机干扰和低频干扰之后还存在着扰动。改变整个透声箱与探头之间的距离，后面的扰动也改变位置，可以判断这些扰动与声场的多次反射及散射有关。由于声场束在传播一定距离之后发散，实验中存在的边界较多，并且声场有可能经反射和散射注入铜片电极上产生较大的干扰。这些干扰目前没有有效的办法去除，进一步地改善信号质量的办法是建立均匀可控的声场环境，具体的做法是通过在水箱及透声箱周围覆上吸声材料防止超声波反射和散射带来的影响。截取图 17.15 中的有用信号，如图 17.16 所示。由于磁场不均匀，难于定量地分析各信号峰值，只研究实验中各峰值出现的时间和超声路径中各段声程的对应关系及各边界信号的正负关系和数量级。

首先，研究声程与峰值出现的时间的关系以确定所得到的信号为正确的电压信号。设触发起始时刻 $t_0=0$，四个信号峰值分别在 $t_1=29.8\mu s$、$t_2=35.9\mu s$、$t_3=39.9\mu s$、$t_4=44.4\mu s$。忽略探头延迟，从 t_0 到 t_1 时刻，超声脉冲在水中传播的路程

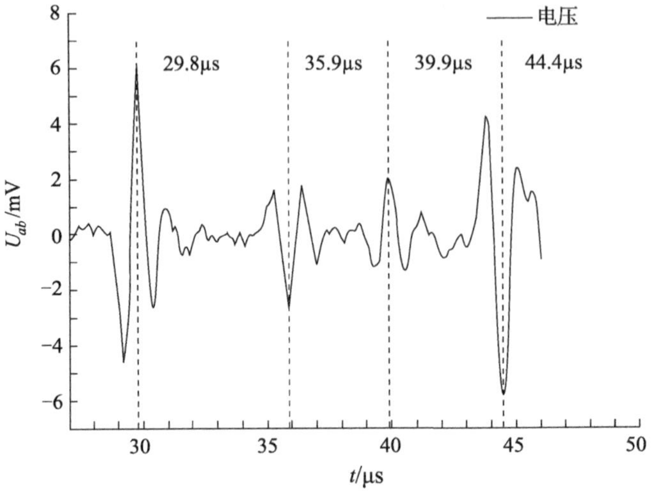

图 17.16　电压信号边界信息

应为 $s_1 = 44.7\text{mm}$；从 t_1 到 t_2 时刻，超声脉冲在 NaCl 溶液中传播的路程应为 $s_2 = 9.15\text{mm}$；从 t_2 到 t_3 时刻，超声脉冲在有机玻璃中传播的路程应为 $s_3 = 10.92\text{mm}$；从 t_3 到 t_4 时刻，超声脉冲进入 NaCl 溶液，对应传播的路程应为 $s_4 = 6.75\text{mm}$。由精确到 1mm 的尺子测量到实际距离值和磁声电边界信号反演出的结果对比见表 17.3。

表 17.3　尺子测量距离值与磁声电实验测量对比

工具＼声程	s_1/mm	s_2/mm	s_3/mm	s_4/mm
尺子测量值	46	9	11	8
磁声电实验值	44.7	9.15	10.92	6.75

由表 17.3 可见，由尺子测量到的各段声程与成像实验装置所测量的声程基本吻合，由此可证明，在边界处确实产生了脉冲峰值。误差产生的原因如下：尺子测量精度为 1mm，因此造成的 1mm 以内的误差是允许的；由于透声膜容易损坏，有机玻璃及电极不容易精确定位，各边界之间的距离也不便于测量，从而引起误差；超声脉冲宽度约为 1μs，在水和有机玻璃中的测量分辨率分别为 1.5mm 和 2.73mm。

其次，从图 17.16 可以清晰地看出两对边界信号关于 $U_{ab} = 0$ 对称，即第一个峰为正，第四个峰为负，第二个峰为负，第三个峰为正，分析此现象产生的原因，需要从式（12.1）入手。它描述了边界处产生的信号正负与该处电导率和密度的比值的梯度有关。据此可以得到一维成像模型，如图 17.17 所示（Wen et al.，

1998)。当一束没有直流分量的超声脉冲沿 z 轴传播时，时刻 t 在 z 处的动量如图 17.17(a) 所示；其电导率分布如图 17.17 (b) 所示，在 z_1 和 z_2 处有突变，即存在边界；则在 z 轴上电导率与密度的比值在 z 方向上的梯度如图 17.17 (c) 所示；而测量到的电压理论上应如图 17.17 (d) 所示，当电导率与密度的比值的梯度值为正时，则所测电压峰值应为正，相反地，如果电导率与密度的比值的梯度值为负，则所测电压值峰值也应为负。

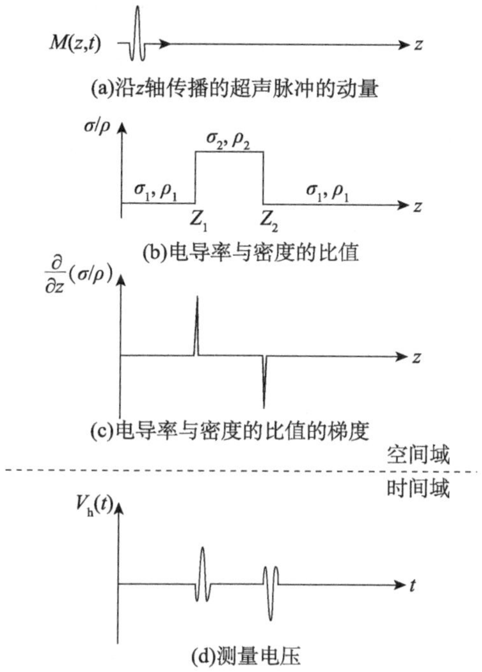

图 17.17 一维成像模型，引自文献（Wen et al.，1998）

表 17.4 总结了四个界面处电导率与质量密度的比值的梯度与该处的实验信号正负之间的关系，其正负关系与式（12.1）及 Wen 等给出的电压检测式磁声成像一维模型所描述的规律相吻合。

表 17.4 边界信息与信号正负关系的对比

位置	z_1（正或负）	z_2（正或负）	z_3（正或负）	z_4（正或负）
电导率/密度的梯度	正	负	正	负
信号峰值	正	负	正	负

比较 NaCl 溶液与铜片实验的信号幅度，如表 17.5 所示，NaCl 溶液中检测信号为 mV 量级，放大倍数为 5×10^5，同样的实验条件下，测得铜片信号幅度为

100mV 级别。

表 17.5 铜片和盐水的实验信号幅度对比

样本	电导率	放大倍数	信号幅度数量级
NaCl 溶液	1S/m	5×10^5	1mV
铜片	1×10^7S/m	1×10^3	100mV

由表 17.5 可看出，铜片的电导率是 NaCl 溶液的 10^7倍，而信号幅度约为 5×10^4倍。理论上讲，信号幅度应与电导率呈线性关系，实际上二者并不满足线性关系而是正相关关系。这是因为，采用水声探头激发的超声波垂直入射到铜片上时，铜和水的声阻抗存在巨大差异（紫铜的声阻抗约为 3.7×10^7 Rayl（1Rayl＝10Pa · s/m），水的声阻抗约为 1×10^6 Rayl），质点速度的透射系数约为 0.078，而从水中入射到透声膜或者盐水时可以认为几乎是全透射的。

17.5 图像重建

对于铜片模型，声场垂直入射情况，电磁场逆问题非常简单（夏慧等，2013）。设计铜片扫描实验，铜片几何如图 17.18 所示，尺寸为 6cm×10cm×1mm，中间两侧切除的部分尺寸为 2cm×3cm。

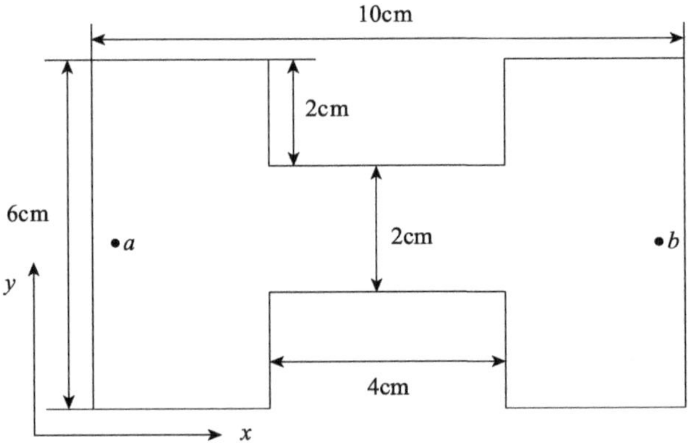

图 17.18 重建仿真几何模型

为设置对比，先给出仿真结果，几何模型如图 17.18 所示，厚度为 1mm，电极点为 a 和 b，样品所处的仿真实验环境为电导率为 1×10^{-14}S/m 的去离子水。

当单位电流通入 a、b 点时，其理论上的仿真结果如图 17.19 所示，亮色表示电流密度大，暗色表示电流密度小，电流由 a 点流入，b 点流出，电导率大的区域电流密度大。

图 17.19 电流密度分布理论仿真结果

在得到电流密度分布的理论仿真结果之后，建立电压检测式磁声成像的电磁仿真模型，铜片几何参数如图 17.18 所示。设超声波垂直入射到铜片时导致铜片内带电载荷的振动速度为 1m/s，磁场为 0.2T。超声波焦斑为直径 1cm 的圆形，从左下角作为焦斑中心开始扫描，每扫描一处，探头移动 8mm 进行下一次扫描。

通过上述模型得出各扫描区域内电流密度分布的 x 分量的积分值，从而算得各区域内的电流密度分布的 x 分量的平均值。将反演计算所得的电流密度平均值矩阵赋值给各几何区域内的几何中心，使用二次插值，插值后的成像矩阵大小为 110×160，将各点的值转化为灰度显示，如图 17.20 所示。

图 17.20 电流密度 x 分量仿真重建图像

在实际实验中，超声束由泛美 1MHz 平面探头提供，激励电压 700V，重复频率 20Hz，磁场有效区域磁场 0.1T，磁场方向沿着 y 方向，超声纵波方向垂直 xoy 面，放大倍数 60dB、94dB 可调，扫描通过扫描支架带动样本实现，而磁体和探头均固定。因此在扫描过程中，磁场和声场在铜片中的有效作用区域处磁场和声场大小可以认为不变。

扫描示意图如图 17.21 所示，实线圆表示探头打在样品上的超声束焦斑，虚线圆表示未扫描到样品上的超声束，扫描步径为 8mm，总共扫描 126 个点，形成 9 ×16 的矩阵。

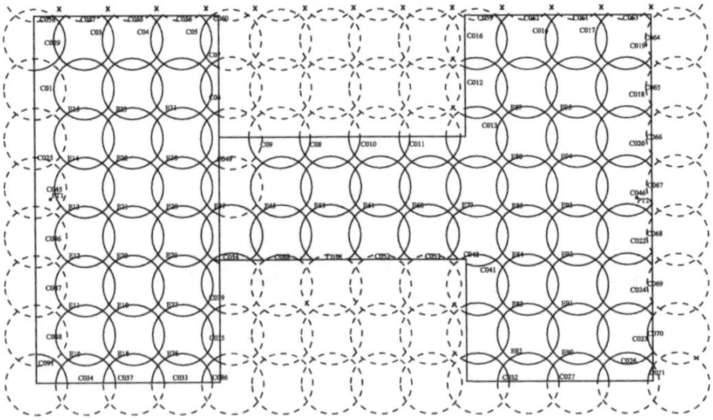

图 17.21　重建实验扫描示意图

扫描过程完成后，记录每次测量的电压值，按扫描位置编成图像矩阵。得到了电压矩阵，接下来的工作就是求解逆问题，即求解相应的电流密度分布矩阵。对于铜片实验来说，由重建理论及重建仿真所述可知，可以认为在声波穿过铜片的某一时刻铜片内处在超声路径中各点的振动速度相同。这样，求解出电流密度 x 分量的积分，也就可以求出电流密度 x 分量的平均值。将扫描各点所得的电流密度平均值编成矩阵，进行双线性插值后则可进行电流密度 x 分量的显示。为了简化问题，我们没有考虑超声在组织中的衰减问题。得到插值后的关于电流密度分布的矩阵之后，就可以进行图像重构了。

将该图像矩阵转化为灰度值显示，电流密度值最大处为最白，灰度值为 0，电流密度值最小处最黑，灰度值为 255。由于磁场不均匀，定量的显示没有意义，数据采用归一化结果显示。各点之间使用二次插值，获得一个大小为 120×200 的矩阵，显示如图 17.22 所示。

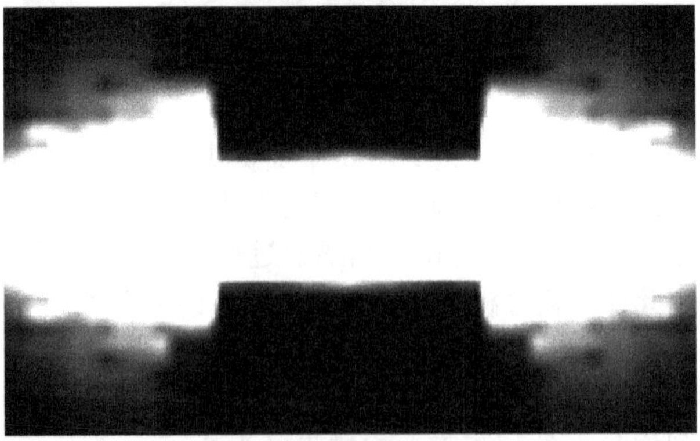

图 17.22　铜片扫描实验重建结果

仿真和实验结果基本吻合，在铜片较窄处，电流密度较大，符合电流连续性原理。但是结果稍有差异，可能的原因有：实验中手动调节探头进行扫描，引起位置或者角度的偏差会带来仿真的误差；实际扫描焦斑可能大于 1cm 直径；磁场作用区域的磁场强度不均匀，而成像算法默认为满足磁场均匀的条件。改善成像质量，可以采用均匀磁场、具有小焦斑的探头和自动扫描装置。

目前得到了铜片的二维成像结果以及溶液的多边界实验结果，但是还没有得到仿体成像结果，具备高对比度和高分辨率潜力的电压检测式磁声成像真正走向实用，尚需大量研究工作。

参 考 文 献

陈丽梅，程敏熙，肖晓芳，等. 2010. 盐溶液电导率与浓度和温度的关系测量. 实验室研究与探索，29(5)：39-42.

苗振魁，任长明 . 1993. 医用超声仪器原理及应用. 天津：天津大学出版社.

史长华，唐树戈，夏泉. 2006. 一种弱电解质溶液无限稀释摩尔电导率的方法. 沈阳农业大学学报，37(006)：912-914.

万明习 . 1992. 生物医学超声学. 北京：科学出版社.

汪德昭，尚尔昌. 1981. 水声学. 北京：科学出版社 .

夏慧，刘国强，黄欣，等 . 2013. 基于互易定理的二维磁声电成像系统 . 电工技术学报，28(7)：163-168.

Rahman A R A，Price D T，Bhansali S. 2007. Effect of electrode geometry on the impedance evaluation of tissue and cell culture. Sensors and Actuators B：Chemical，127(1)：89-96.

Mayer M，Brunner P，Merwa R，et al. 2006. Direct reconstruction of tissue parameters from differential multifrequency EIT in vivo. Physiological Measurement，27(5)：SP3-S101.

Stoy R D，Foster K R，Schwan H. 1982. Dielectric properties of mammalian tissues from 0. 1 to 100 MHz；a summary of recent data. Physics in Medicine and Biology，27(4)：501-513.

Wen H，Shah J，Balaban R S. 1998. Hall effect imaging. IEEE Transactions on，Biomedical Engineering 45(1)：119-124.

第六篇　磁探测式磁声成像研究

第 18 章　互易场积分方程与电动势类波动方程

第 14 章中导出的互易场积分方程可以方便地用来开展正逆问题研究。采用线圈检测，是否可以导出类似的方程呢？Hrbek 首先尝试了开展这方面的研究工作，在附录 D 中回顾了他们互易场积分方程的推导过程。在他们的理论中，需要假定目标体的电导率为常数，假定激励线圈上任一点与目标体上的任一点之间的距离无限小，这些假定的合理性有待商榷，最后公式中出现直流电流源，在物理上很难解释，若将激励线圈中通入的电流看成直流，考虑到线圈与目标体是非接触的，那么在目标体中就不会感应出互易电流场。

与电极检测式相比，线圈检测式的互易电流源的选择是非常困难的，这主要是因为，前者的互易过程可以看成恒定电流场问题，使得互易电流场只是空间的函数，分析过程可以大大简化，后者则不然。正如前面分析的那样，如果线圈中通入直流，目标体中不会有互易电流场。因此，要求线圈中通入的必须是交流，可是这样处理的后果必然导致目标体中的互易电流场同时是时间和空间的函数，似乎无法实现复杂问题简单化的初衷。

为解决此问题，我们对线圈检测模式进行了深入研究，引入了超声检测式磁声成像中的电磁场处理方法，从互易定理出发，分别在频率域和时间域建立了线圈检测下的互易场积分方程，由此导出感应电动势类波动方程（Guo et al.，2015)，并据此提出了磁探测检测式磁声成像方法。

18.1　实际过程的电磁场问题

实际过程与互易过程的示意图如图 18.1 所示。

图 18.1 (a) 是磁探测式磁声成像的实际过程中各个场变量之间的对应关系，其中虚线所示为超声换能器扫描轨迹。设包含线圈、目标体的求解区域为 Ω，其边界用 Γ 表示。超声换能器向目标体内发射声波，振动速度 $\boldsymbol{v}$ 和静磁场在目标体中激发等效电流源 $\boldsymbol{J}_{e1}$，它的大小与电极检测模式中的 $\boldsymbol{J}_{e1}$ 相同，满足

$$\boldsymbol{J}_{e1} = \sigma \boldsymbol{v} \times \boldsymbol{B}_0 \tag{18.1}$$

在 $\boldsymbol{J}_{e1}$ 的激励下产生电场 $\boldsymbol{E}_1$ 和交变磁场 $\boldsymbol{H}_1$。由于 $\boldsymbol{E}_1$ 和 $\boldsymbol{H}_1$ 随声场的传播而变化，因此在线圈中会产生感应电动势 $\xi(t)$。

在线圈检测模式下，磁场和电场之间的关系可以用法拉第电磁感应定律

(18.2a) 和安培定律 (18.2b) 来描述

$$\nabla\times \boldsymbol{E}_1 = -\mu \frac{\partial \boldsymbol{H}_1}{\partial t} \tag{18.2a}$$

$$\nabla\times \boldsymbol{H}_1 = \boldsymbol{J}_{e1} + \sigma \boldsymbol{E}_1 \tag{18.2b}$$

其中，下标 1 表示磁探测式磁声成像实际过程中的场量，μ 是介质磁导率。

式 (18.2b) 中采用了磁准静态近似，忽略了位移电流。对于低电导率介质，考虑到 $\boldsymbol{B}_1 = \mu \boldsymbol{H}_1$ 的模值小于 $\boldsymbol{B}_0$ 的模值，式 (18.2b) 中也忽略了 $\sigma \boldsymbol{v} \times \boldsymbol{B}_1$ 。

由于电场强度 $\boldsymbol{E}_1$ 是有旋的，所以用一个线圈可以检测到感应电动势。线圈中的感应电动势能够表示成如下线积分

$$\xi(t) = \int_{r\in l_{\mathrm{cir}}} \boldsymbol{E}_1 \cdot \mathrm{d}\boldsymbol{l}_{\mathrm{cir}} \tag{18.3}$$

这里，$\mathrm{d}\boldsymbol{l}_{\mathrm{cir}}$表示沿着检测线圈的一个微小线元。

18.2　互易过程的电磁场问题

图 18.1 (b) 所示的是磁探测式磁声成像的互易过程中各个变量之间的对应关系。在与图 18.1 (a) 相同的求解区域内，线圈中通入一个随时间变化的电流密度 $\boldsymbol{J}_{e2}$ ，在求解区内产生电场 $\boldsymbol{E}_2$ ，在目标区域内感应出涡流密度 $\boldsymbol{J}_2$ 。由线圈中电流密度 $\boldsymbol{J}_{e2}$ 和目标体内的电流密度 $\boldsymbol{J}_2$ 共同激励，在求解区内产生了磁场强度 $\boldsymbol{H}_2$ 。

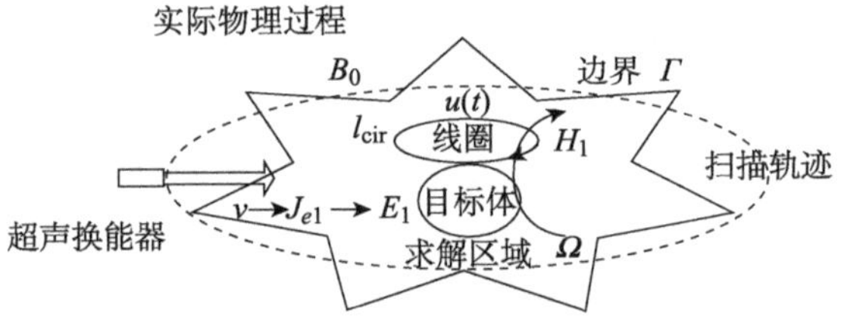

(a) 实际过程

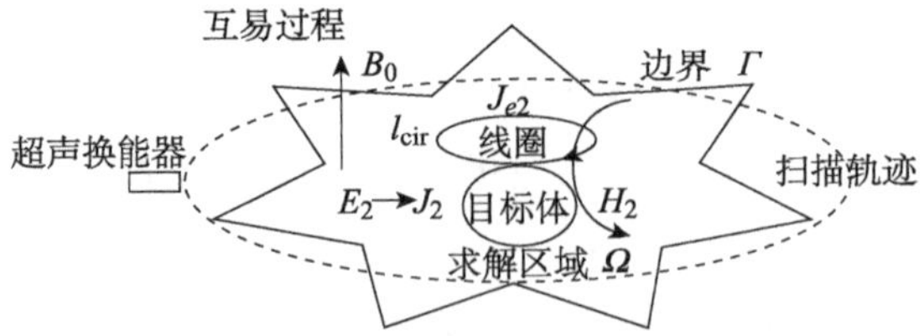

(b) 互易过程

图 18.1　磁探测式磁声成像实际过程和互易过程

互易过程是将声场和静磁场移去，将实际过程中的检测线圈变成激励线圈，通入瞬变电流，在目标体中感应出涡流。假设线圈是截面积为 0 的线环，其中通入的外加电流密度可表示为

$$\boldsymbol{J}_{e2}=\delta(\boldsymbol{r}-\boldsymbol{r}_{\text{cir}})s(t)\boldsymbol{e}_{e2}(\boldsymbol{r}) \tag{18.4}$$

其中，$\boldsymbol{r}$ 表示场点，$\boldsymbol{r}_{\text{cir}}$ 表示线圈上的点，$\delta(\cdot)$ 表示三维空间中的 Dirac 函数，$s(t)$ 是外加电流 $\boldsymbol{J}_{e2}$ 的时间项，$\boldsymbol{e}_{e2}$ 表示 $\boldsymbol{J}_{e2}$ 沿着线圈圆周方向的单位矢量。根据 Dirac 函数的选择性，$\delta(\boldsymbol{r}-\boldsymbol{r}_{\text{cir}})$ 表示外加电流密度 $\boldsymbol{J}_{e2}$ 只施加在线圈上，而在其他区域没有值。

同样根据安培定律和法拉第电磁感应定律，互易过程中外加电流激励的电场和磁场可表示为

$$\nabla\times\boldsymbol{E}_2=-\mu\frac{\partial\boldsymbol{H}_2}{\partial t} \tag{18.5a}$$

$$\nabla\times\boldsymbol{H}_2=\boldsymbol{J}_{e2}+\sigma\boldsymbol{E}_2 \tag{18.5b}$$

这里，下标 2 表示互易过程中的场量，$\boldsymbol{E}_2$ 和 $\boldsymbol{H}_2$ 分别是涡旋电场和磁场强度。

与式（18.2b）一样，式（18.5b）也采用了磁准静态近似。

18.3 互易场积分方程

式（18.2b）两边对 $\boldsymbol{E}_2$ 作内积得

$$\langle\nabla\times\boldsymbol{H}_1,\boldsymbol{E}_2\rangle=\langle\boldsymbol{J}_{e1},\boldsymbol{E}_2\rangle+\langle\sigma\boldsymbol{E}_1,\boldsymbol{E}_2\rangle \tag{18.6}$$

这里，运算符 $\langle\boldsymbol{A},\boldsymbol{B}\rangle$ 表示空间域的内积 $\iiint\limits_{r\in\Omega}\boldsymbol{A}\cdot\boldsymbol{B}\mathrm{d}\Omega$ 。

根据矢量恒等式和高斯定理，式（18.6）左端可以改写为

$$\begin{aligned}\langle\nabla\times\boldsymbol{H}_1,\boldsymbol{E}_2\rangle&=\langle\nabla\times\boldsymbol{E}_2,\boldsymbol{H}_1\rangle-\iiint\limits_{r\in\Omega}\nabla\cdot(\boldsymbol{E}_2\times\boldsymbol{H}_1)\mathrm{d}\Omega\\&=\langle\nabla\times\boldsymbol{E}_2,\boldsymbol{H}_1\rangle-\iint\limits_{r\in\Gamma}(\boldsymbol{E}_2\times\boldsymbol{H}_1)\cdot n\mathrm{d}\Gamma\\&=\langle-\mu\frac{\partial\boldsymbol{H}_2}{\partial t},\boldsymbol{H}_1\rangle\end{aligned} \tag{18.7}$$

其中，$\boldsymbol{n}$ 表示边界 Γ 外法线方向的单位矢量。

当求解区域足够大时，在无穷远边界条件下，$\boldsymbol{E}_2$ 或者 $\boldsymbol{H}_1$ 在边界处为 0，从而 $(\boldsymbol{E}_2\times\boldsymbol{H}_1)\cdot\boldsymbol{n}$ 的边界积分也为 0。

将式（18.7）代入式（18.6）可得

$$\langle -\mu \frac{\partial \boldsymbol{H}_2}{\partial t}, \boldsymbol{H}_1 \rangle = \langle \boldsymbol{J}_{e1}, \boldsymbol{E}_2 \rangle + \langle \sigma \boldsymbol{E}_1, \boldsymbol{E}_2 \rangle \tag{18.8}$$

同样，如果对式（18.5b）两边对 $\boldsymbol{E}_1$ 作内积可得

$$\langle -\mu \frac{\partial \boldsymbol{H}_1}{\partial t}, \boldsymbol{H}_2 \rangle = \langle \boldsymbol{J}_{e2}, \boldsymbol{E}_1 \rangle + \langle \sigma \boldsymbol{E}_2, \boldsymbol{E}_1 \rangle \tag{18.9}$$

将式（18.8）和（18.9）两边取傅里叶变换，得到频率域表达式为

$$\langle -\mathrm{j}\omega\mu \widetilde{\boldsymbol{H}}_2, \widetilde{\boldsymbol{H}}_1 \rangle = \langle \widetilde{\boldsymbol{J}}_{e1}, \widetilde{\boldsymbol{E}}_2 \rangle + \langle \sigma \widetilde{\boldsymbol{E}}_1, \widetilde{\boldsymbol{E}}_2 \rangle \tag{18.10a}$$

$$\langle -\mathrm{j}\omega\mu \widetilde{\boldsymbol{H}}_1, \widetilde{\boldsymbol{H}}_2 \rangle = \langle \widetilde{\boldsymbol{J}}_{e2}, \widetilde{\boldsymbol{E}}_1 \rangle + \langle \sigma \widetilde{\boldsymbol{E}}_2, \widetilde{\boldsymbol{E}}_1 \rangle \tag{18.10b}$$

其中，ω 是角频率，j 是虚数单位，变量上面的波浪线表示频率域内的相应场量。考虑到 $\langle -\mathrm{j}\omega\mu \widetilde{\boldsymbol{H}}_2, \widetilde{\boldsymbol{H}}_1 \rangle = \langle -\mathrm{j}\omega\mu \widetilde{\boldsymbol{H}}_1, \widetilde{\boldsymbol{H}}_2 \rangle$ 和 $\langle \sigma \widetilde{\boldsymbol{E}}_1, \widetilde{\boldsymbol{E}}_2 \rangle = \langle \sigma \widetilde{\boldsymbol{E}}_2, \widetilde{\boldsymbol{E}}_1 \rangle$ 恒成立，则将式（18.10a)减去式（18.10b）可得

$$\langle \widetilde{\boldsymbol{J}}_{e1}, \widetilde{\boldsymbol{E}}_2 \rangle = \langle \widetilde{\boldsymbol{J}}_{e2}, \widetilde{\boldsymbol{E}}_1 \rangle \tag{18.11}$$

由于式（18.11）中的变量都是空间点 $\boldsymbol{r}$ 和角频率 ω 的函数，因此可详细表示为

$$\iiint_{\boldsymbol{r}\in\Omega} \widetilde{\boldsymbol{J}}_{e1}(\boldsymbol{r},\omega) \cdot \widetilde{\boldsymbol{E}}_2(\boldsymbol{r},\omega)\mathrm{d}\Omega = \iiint_{\boldsymbol{r}\in\Omega} \widetilde{\boldsymbol{J}}_{e2}(\boldsymbol{r},\omega) \cdot \widetilde{\boldsymbol{E}}_1(\boldsymbol{r},\omega)\mathrm{d}\Omega \tag{18.12}$$

考虑式（18.1）和公式 $\widetilde{\boldsymbol{J}}_2 = \sigma \widetilde{\boldsymbol{E}}_2$，可得

$$\iiint_{\boldsymbol{r}\in\Omega} \widetilde{\boldsymbol{J}}_{e1}(\boldsymbol{r},\omega) \cdot \widetilde{\boldsymbol{E}}_2(\boldsymbol{r},\omega)\mathrm{d}\Omega = \iiint_{\boldsymbol{r}\in\Omega} \widetilde{\boldsymbol{J}}_2(\boldsymbol{r},\omega) \cdot [\widetilde{\boldsymbol{V}}(\boldsymbol{r},\omega) \times \boldsymbol{B}_0]\mathrm{d}\Omega \tag{18.13}$$

将式（18.3）和（18.4）代入式（18.12）右端部分，可得

$$\begin{aligned}\iiint_{\boldsymbol{r}\in\Omega} \widetilde{\boldsymbol{J}}_{e2}(\boldsymbol{r},\omega) \cdot \widetilde{\boldsymbol{E}}_1(\boldsymbol{r},\omega)\mathrm{d}\Omega &= \iiint_{\boldsymbol{r}\in\Omega} \widetilde{\boldsymbol{E}}_1(\boldsymbol{r},\omega) \cdot \boldsymbol{e}_{e2}(\boldsymbol{r})\delta(\boldsymbol{r}-\boldsymbol{r}_{\mathrm{cir}})\widetilde{S}(\omega)\mathrm{d}\Omega \\ &= \int_{\boldsymbol{r}\in \boldsymbol{l}_{\mathrm{cir}}} \widetilde{S}(\omega)\widetilde{\boldsymbol{E}}_1(\boldsymbol{r},\omega) \cdot \mathrm{d}\boldsymbol{l}_{\mathrm{cir}} \\ &= \tilde{\xi}(\omega)\widetilde{S}(\omega)\end{aligned} \tag{18.14}$$

这里，$\widetilde{S}(\omega)$ 和 $\tilde{\xi}(\omega)$ 分别是 $s(t)$ 和 $\xi(t)$ 的傅里叶变换。正如式（18.14）所示，Dirac 函数将三维空间的体积分转换成了沿着线圈的线积分。根据式（18.12）～（18.14），线圈检测到的感应电动势的频率域表达式满足

$$\tilde{\xi}(\omega)\widetilde{S}(\omega) = \iiint_{\boldsymbol{r}\in\Omega} \widetilde{\boldsymbol{J}}_2(\boldsymbol{r},\omega) \cdot [\widetilde{\boldsymbol{V}}(\boldsymbol{r},\omega) \times \boldsymbol{B}_0]\mathrm{d}\Omega \tag{18.15}$$

除了式（18.15）左侧 $\widetilde{S}(\omega)$ 和 $\tilde{\xi}(\omega)$ 相乘的部分，式（18.15）与 Haider（Haider et al.，2008）和 Kunyansky（Kunyansky et al.，2012）推导的电极检测模式的表达形式是类似的。在这里除了静磁场 $\boldsymbol{B}_0$ 与频率无关以外，所有的场量都是角

频率 ω 和空间点 $\boldsymbol{r}$ 的函数。同样考虑速度势满足式（13.3），式（18.15）还可以写为

$$\tilde{\xi}(\omega)\widetilde{S}(\omega)=\iiint_{r\in\Omega}\frac{\boldsymbol{B}_0}{\rho_0}\cdot\nabla\times\tilde{\boldsymbol{J}}_2(\boldsymbol{r},\omega)\tilde{\varphi}(\boldsymbol{r},\omega)\mathrm{d}\Omega-\iint_{r\in\Gamma}\tilde{\varphi}(\boldsymbol{r},\omega)\tilde{\boldsymbol{J}}_2(\boldsymbol{r},\omega)\times\frac{\boldsymbol{B}_0}{\rho_0}\cdot n\mathrm{d}\Gamma \tag{18.16}$$

$\tilde{\varphi}(\boldsymbol{r},\omega)$ 表示速度势 $\varphi(\boldsymbol{r},t)$ 的傅里叶变换。式（18.16）被拆分为一个体积分和一个面积分。为了简便起见，假定目标体外是空气，或其被非导电的绝缘流体介质包裹，如绝缘油或蒸馏水，则互易过程中电流密度 $\tilde{\boldsymbol{J}}_2(\boldsymbol{r},\omega)$ 在边界处的值为 0。因此，式（18.16）右端的第二项边界积分等于 0。考虑声学均匀介质，式（18.16）可简化为

$$\tilde{\xi}(\omega)\widetilde{S}(\omega)=\frac{1}{\rho_0}\iiint_{r\in\Omega}\boldsymbol{B}_0\cdot\nabla\times\tilde{\boldsymbol{J}}_2(\boldsymbol{r},\omega)\tilde{\varphi}(\boldsymbol{r},\omega)\mathrm{d}\Omega \tag{18.17}$$

需要说明的是，式（18.17）中的积分区域 Ω 已经缩小到目标体所在的区域，这里仍记为 Ω 。

在互易过程中，由于目标体的电导率很低，感应涡流在空间各点上将满足近似相同的时间规律。也就是说，低电导率目标体中，感应涡流的时间项和空间项是可以分离的。那么它的空间项和频率项也是可以分离的。

因此，将 $\tilde{\boldsymbol{J}}_2(\boldsymbol{r},\omega)$ 改写为

$$\tilde{\boldsymbol{J}}_2(\boldsymbol{r},\omega)=\boldsymbol{J}_2(\boldsymbol{r})\widetilde{F}(\omega) \tag{18.18}$$

$\boldsymbol{J}_2(\boldsymbol{r})$ 和 $\widetilde{F}(\omega)$ 分别表示互易过程中感应涡流的空间项和时间项。在低电导率介质中，忽略二次磁场，感应电场或电流的时间项应是互易电流源 $\boldsymbol{J}_{e2}$ 的时间项的一阶导数（详细说明参见 4.1.2 节低电导率介质中的涡流场正问题）。因此在频率域应满足

$$\widetilde{F}(\omega)=\mathrm{j}\omega\widetilde{S}(\omega) \tag{18.19}$$

将式（18.19）和（18.18）代入式（18.17）可得

$$\tilde{\xi}(\omega)\widetilde{S}(\omega)=\widetilde{S}(\omega)\frac{1}{\rho_0}\iiint_{r\in\Omega}\boldsymbol{B}_0\cdot\nabla\times\boldsymbol{J}_2(\boldsymbol{r})\mathrm{j}\omega\tilde{\varphi}(\boldsymbol{r},\omega)\mathrm{d}\Omega \tag{18.20}$$

如果令 $\widetilde{S}(\omega)=1$ 是常数，也就是说，$s(t)$ 等于 $\delta(t)$ ，式（18.20）可简化为

$$\tilde{\xi}(\omega)=\frac{1}{\rho_0}\iiint_{r\in\Omega}\boldsymbol{B}_0\cdot\nabla\times\boldsymbol{J}_2(\boldsymbol{r})\mathrm{j}\omega\tilde{\varphi}(\boldsymbol{r},\omega)\mathrm{d}\Omega \tag{18.21}$$

通常而言，只要 $\widetilde{S}(\omega)$ 在 $\tilde{u}(\omega)$ 非零的频谱范围内非零，$\widetilde{S}(\omega)$ 就能在式（18.20）中被约掉。在感应式磁声成像（MAT-MI）中，Xu 等假设 $s(t)$ 是阶

跃函数（Xu et al.，2005)，这等同于假设 $\widetilde{S}(\omega)=\pi\delta(\omega)+1/\mathrm{j}\omega$。然而在磁探测式磁声成像中，只要 $\widetilde{S}(\omega)$ 在 $\tilde{\xi}(\omega)$ 非零的频谱范围内没有零值，就可以把 $\widetilde{S}(\omega)$ 选作互易过程中的激励，并在式（18.20）中被约掉，这说明可以选择的互易电流源范围非常宽。为了简便起见，这里选择 $s(t)=\delta(t)$，也就是 $\widetilde{S}(\omega)=1$。式（18.21)还说明感应电动势信号与互易过程中电流密度旋度的空间分量有关，同时还与超声速度势有关。

如果对式（18.21）取傅里叶逆变换，可得到用互易电流密度的旋度表示的时间域积分表达式

$$\xi(t)=\frac{1}{\rho_0}\iiint\limits_{r\in\Omega}\boldsymbol{B}_0\cdot\nabla\times\boldsymbol{J}_2(\boldsymbol{r})\varphi'(\boldsymbol{r},t)\mathrm{d}\Omega \tag{18.22}$$

其中，$\varphi'(\boldsymbol{r},t)$ 为

$$\varphi'(\boldsymbol{r},t)=\frac{\partial\varphi(\boldsymbol{r},t)}{\partial t} \tag{18.23}$$

类似地，也可以导出互易磁力散度表示的时间域积分表达式

$$\xi(t)=\frac{1}{\rho_0}\int_\Omega\nabla\cdot(\boldsymbol{J}_2(\boldsymbol{r})\times\boldsymbol{B}_0)\varphi'(\boldsymbol{r},t)\mathrm{d}\Omega=\frac{1}{\rho_0}\int_\Omega\nabla\cdot\boldsymbol{F}_2(\boldsymbol{r})\varphi'(\boldsymbol{r},t)\mathrm{d}\Omega \tag{18.24}$$

如果将式（18.18）和（18.19）代入式（18.15)，两边约掉 $\widetilde{S}(\omega)$ 并求傅里叶反变换可得到用互易电流密度矢量表示的时间域积分表达式

$$\xi(t)=\iiint\limits_{r\in\Omega}\boldsymbol{J}_2(\boldsymbol{r})\cdot\mathbf{V}'(\boldsymbol{r},t)\times\boldsymbol{B}_0\mathrm{d}\Omega \tag{18.25}$$

显然，互易场满足时空分离特性，其好处是显而易见的，尽管线圈中通入的是交变电流，目标体中的互易电流场仍是时间和空间的函数，但是互易电流场的空间项完全可以分离出来，就可以实现复杂问题的简单化处理。

18.4　感应电动势类波动方程

在电压检测式磁声成像中，互易磁力散度积分方程（14.18）可以看作是电压类波动方程（14.22）的解。与之类似，在磁探测式磁声成像中，积分方程（18.23)也可以看成波动方程的解。

对比二者的互易磁力散度积分方程（14.18）和（18.24)，可以发现：在电极检测模式中用的是振动速度势，而在线圈检测模式中，采用了振动速度势的导数。

显然，积分方程（18.24）也可以看作是如下波动方程的解

$$\begin{cases} \nabla^2 \xi - \dfrac{1}{{c_s}^2} \dfrac{\partial^2 \xi}{\partial t^2} = -\dfrac{1}{\rho_0} \nabla \cdot \boldsymbol{F}_2(\boldsymbol{r}) \delta'(t) \\ \xi|_{\infty} = 0 \\ \xi|_{t=0} = 0 \\ \left.\dfrac{\partial \xi}{\partial t}\right|_{t=0} = 0 \end{cases} \tag{18.26}$$

式（18.26）中物理量是感应电动势，但 c_s 却不是电磁波的传播速度，而是由实际过程的点声源以 $\delta'(t)$ 激励而产生的声波的传播速度。式（18.26）描述的并非电磁场传播的过程，更不是真实的物理过程，仅在形式上类似“波动方程”，在这里将之命名为“感应电动势类波动方程”。

参考文献

Guo L，Liu G，Xia H. 2015. Magneto-acousto-electrical tomography with magnetic induction for conductivity reconstruction. IEEE Transactions on Biomedical Engineering，62（9）：2114-2124.

Haider S，Hrbek A，Xu Y. 2008. Magneto-acousto-electrical tomography：a potential method for imaging current density and electrical impedance. Physiological measurement，29(6)：S41-50.

Kunyansky L. 2012. A mathematical model and inversion procedure for magneto-acousto-electric tomography. Inverse Problems，28(3)：035002-035001-035021.

Xu Y，He B. 2005. Magnetoacoustic tomography with magnetic induction (MAT-MI). Phys Med Biol，50(21)：5175-5187.

第 19 章　电磁场正问题

磁探测式磁声成像的电磁场正问题指的是：已知声场和静磁场在目标体内部耦合作用产生的等效电流源，求解目标体外部测量线圈的感应电动势。正演方法包括直接法和互易法。

19.1　直接法求解感应电动势

磁探测式和电压检测式磁声成像的不同之处在于检测方法和检测的物理量不同，前者可以采用线圈或霍尔探头检测，若采用线圈，检测的是感应电动势；后者采用电极检测，检测的是电压。二者的激励源是相同的，都是等效电流源，如式（14.2），列在这里，为

$$\boldsymbol{J}_{e1} = \sigma \boldsymbol{v} \times \boldsymbol{B}_0$$

其中，$\boldsymbol{v}$ 和 $\boldsymbol{B}_0$ 分别是振动速度和静磁场，σ 为电导率。

19.1.1　先电标位后磁矢位的求解方法

既然二者是同源的，那么可以直接利用电压检测式磁声成像正问题获得的结果。

首先，基于泊松方程（14.7），求解出目标体中的电标位分布 u_1（详见 14.1 节和 15.1 节），进一步利用式（14.4）和（14.5）得到目标体中的电场强度 $\boldsymbol{E}_1 \approx -\nabla u_1$ 和总电流密度分布 $\boldsymbol{J}_T \approx \sigma \boldsymbol{v} \times \boldsymbol{B}_0 - \sigma \nabla u_1$ 。假定目标体的周围是空气，显然，这里仅能得到目标体中的电场强度，而不是目标体外的电场强度。

接下来，利用

$$\nabla \times \boldsymbol{H}_1 = \boldsymbol{J}_T \tag{19.1a}$$

或

$$\nabla \times \frac{1}{\mu} \nabla \times \boldsymbol{A}_1 = \boldsymbol{J}_T \tag{19.1b}$$

就可以求解出目标体外部区域的磁场强度，进一步求解出目标体外部区域的电场强度 $\boldsymbol{E}_1$ 。式中，μ 为磁导率。

采用线圈检测感应电动势，与式（18.3）一样，感应电动势为

$$\xi(t) = \int_{r \in l_{cir}} \boldsymbol{E}_1 \cdot \mathrm{d}\boldsymbol{l}_{cir} \tag{19.2}$$

19.1.2 基于磁场强度的求解方法

将式（14.3）代入式（19.1a），有

$$\nabla \times \boldsymbol{H}_1 = \sigma \boldsymbol{v} \times (\boldsymbol{B}_1 + \boldsymbol{B}_0) + \sigma \boldsymbol{E}_1 \tag{19.3}$$

将式（19.3）同乘以电阻率 ρ，有

$$\rho \nabla \times \boldsymbol{H}_1 = \boldsymbol{v} \times (\boldsymbol{B}_1 + \boldsymbol{B}_0) + \boldsymbol{E}_1 \tag{19.4}$$

对式（19.4）两端求旋度，并结合法拉第电磁感应定律与磁场本构关系式，有

$$\nabla \times \rho \nabla \times \boldsymbol{H}_1 + \mu \frac{\partial \boldsymbol{H}_1}{\partial t} = \nabla \times [\boldsymbol{v} \times (\boldsymbol{B}_1 + \boldsymbol{B}_0)] \tag{19.5}$$

对于低电导率目标体，交变磁场 $\boldsymbol{B}_1$ 的幅值小于静磁场 $\boldsymbol{B}_0$ 的幅值，则在目标体区域有

$$\nabla \times \rho \nabla \times \boldsymbol{H}_1 + \mu \frac{\partial \boldsymbol{H}_1}{\partial t} \approx \nabla \times (\boldsymbol{v} \times \boldsymbol{B}_0) \tag{19.6}$$

式（19.6）是以磁场强度为未知量进行求解的矢量场方程。施加合适的边界条件，利用棱单元有限元方法，可以获得式（19.6）的数值解。进一步可以得到目标体中的总电流密度 $\boldsymbol{J}_T$，再利用式（19.1）和（19.2）得到感应电动势 $\xi(t)$。

19.1.3 基于磁矢位和电标位的瞬态场问题

若对总电流密度不作近似处理，将 $\boldsymbol{E}_1 = -\nabla u_1 - \frac{\partial \boldsymbol{A}_1}{\partial t}$ 和 $\boldsymbol{H}_1 = \frac{1}{\mu} \nabla \times \boldsymbol{A}_1$ 代入式（19.3），可以导出基于磁矢位和电标位的瞬态场计算公式

$$\begin{cases} \nabla \times \frac{1}{\mu} \nabla \times \boldsymbol{A}_1 = \sigma \boldsymbol{v} \times \boldsymbol{B}_0 + \sigma \boldsymbol{v} \times (\nabla \times \boldsymbol{A}_1) - \sigma\left(\frac{\partial \boldsymbol{A}_1}{\partial t} + \nabla u_1\right) & \Omega_1 \\ \nabla \cdot \left(\sigma \frac{\partial \boldsymbol{A}_1}{\partial t}\right) + \nabla \cdot (\sigma \nabla u_1) = \nabla \cdot (\sigma \boldsymbol{v} \times \boldsymbol{B}_0) + \nabla \cdot [\sigma \boldsymbol{v} \times (\nabla \times \boldsymbol{A}_1)] & \Omega_1 \\ \nabla \times \frac{1}{\mu} \nabla \times \boldsymbol{A}_1 = 0 & \Omega_2 \end{cases} \tag{19.7}$$

其中，Ω_1 和 Ω_2 分别为目标体区域及其外部的空气区。

式（19.7）是磁矢位和电标位耦合方程。在无穷远边界条件下，利用有限元方法，可以获得式（19.7）的数值解，进一步可以得到求解区的电场强度 $\boldsymbol{E}_1$，

再利用式（19.2）得到感应电动势 $\xi(t)$。

19.2　互易法求解感应电动势

利用互易场积分方程或电动势类波动方程求解电磁场正问题，主要步骤如下。

首先，求解互易过程的电磁场问题，主要的正演方法有三种：磁矢位-电标位法、消去时间项的电标位法、磁场强度直接求解法。

参考 4.4.1 节，直接将磁矢位-电标位法的计算公式列在此处

$$\begin{cases}\nabla\times\dfrac{1}{\mu}\nabla\times\boldsymbol{A}_2+\sigma\left(\dfrac{\partial\boldsymbol{A}_2}{\partial t}+\nabla u_2\right)=0 & \Omega_1\\ \nabla\cdot\left(\sigma\dfrac{\partial\boldsymbol{A}_2}{\partial t}\right)+\nabla\cdot(\sigma\nabla u_2)=0 & \Omega_1\\ \nabla\times\dfrac{1}{\mu}\nabla\times\boldsymbol{A}_2=0 & \Omega_2\\ \nabla\times\dfrac{1}{\mu}\nabla\times\boldsymbol{A}_2=\boldsymbol{J}_s & \Omega_3\end{cases}\tag{19.8}$$

其中，Ω_1、Ω_2 和 Ω_3 分别为目标体区、目标体外的空气区和线圈所在区域，$\boldsymbol{J}_s$ 是线圈中通入的电流密度。

参考 4.4.2 节，直接将消去时间项的电标位法的计算公式（Wang et al.，2008）列在此处

$$\begin{cases}\nabla\cdot(\sigma\nabla u_2)=-\nabla\cdot(\sigma\boldsymbol{A}_2^1)\\ \left(\boldsymbol{A}_2^1\cdot\boldsymbol{n}+\dfrac{\partial u_2}{\partial n}\right)\Bigg|_{\partial\Omega_1}=0\end{cases}\tag{19.9}$$

求解区为目标体区，$\partial\Omega_1$ 是目标体的最外层边界，$\boldsymbol{A}_2^1$ 是互易一次磁矢位。值得注意的是，式（19.9）中所有的物理量都是对应矢量的空间分量。

也可以直接求解磁场强度，计算公式为

$$\nabla\times\rho\nabla\times\boldsymbol{H}_2+\mu\frac{\partial\boldsymbol{H}_2}{\partial t}=\nabla\times(\rho\boldsymbol{J}_s)\tag{19.10}$$

采用前面介绍的三种方法获得互易电流密度 $\boldsymbol{J}_2$，进而获得互易洛伦兹力 $\boldsymbol{F}_2$。

接下来，将互易电流密度 $\boldsymbol{J}_2$ 代入互易电流场积分方程（18.25），或将互易洛伦兹力 $\boldsymbol{F}_2$ 代入互易磁力散度积分方程（18.24），或通过求解电动势类波动方程（18.26）得到测量线圈的感应电动势 $\xi(t)$。

19.3 生物电磁模型电磁场分析

无论是电压检测式还是磁探测式磁声成像，声场的计算都是一样的。在线圈检测模式下，先进行正演模拟，建立物理模型示意图（Guo et al.，2015），如图 19.1所示。其中，位于中心的长方体区域为目标体，目标体上下两侧各放置一个多匝的检测线圈，目标体与线圈全部置于静磁场 $\boldsymbol{B}_0$ 中。超声换能器向目标体发射超声波，并沿着虚线所示轨迹旋转一周，进行扫描式发射。同样采用超声层析成像的二维模型假设，当成像区域沿 z 方向较薄时，为了计算方便，可以近似只考虑 $z=0$ 的二维截面。

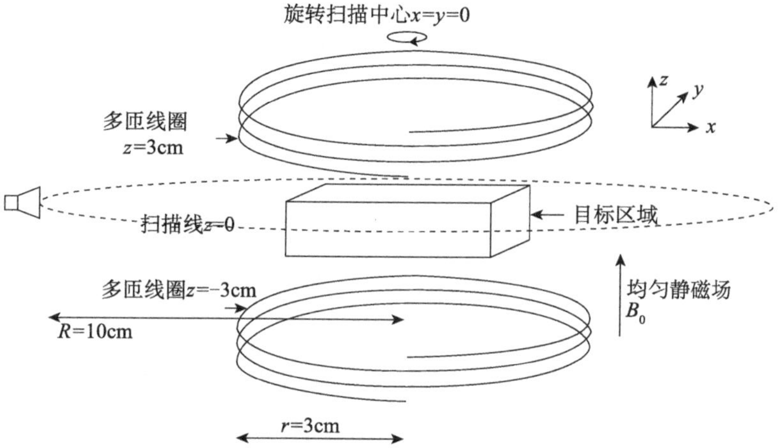

图 19.1 磁探测式磁声成像模型示意图

给定二维截面电导率分布如图 19.2（a）所示，它是边长为 0.04 m 的正方形区域，内部由两个大小不等的圆形电导率异常体组成，背景电导率为 0.001 S/m，两个电导率异常体的电导率分别为 10 S/m 和 20 S/m。

假设超声换能器在（−0.06，0）的位置沿着 x 轴向目标区域发射超声波，将超声换能器近似为点声源，在无穷远边界条件下其激励的速度势可近似看作点源格林函数。

如果考虑有限带宽超声换能器激发的声场，其时间域的波形为高斯脉冲，则实际的声场是高斯脉冲与格林函数卷积的结果。卷积结果可以直接用式（19.11）表示

$$\varphi(\boldsymbol{r},t)=A_\varphi\exp[-(t-\tau-|\boldsymbol{r}-\boldsymbol{r}'|/c_s)^2/2\nu^2]/|\boldsymbol{r}-\boldsymbol{r}'| \tag{19.11}$$

其中，A_φ 表示速度势的幅度，τ 表示高斯脉冲的起始时刻，ν 是高斯分布的方差，

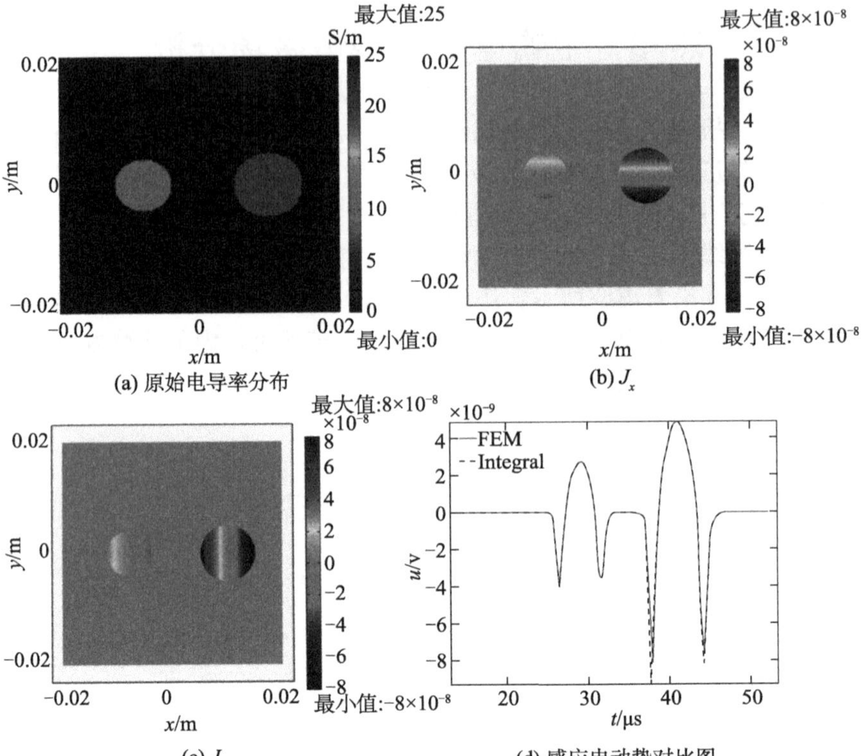

图 19.2　互易定理和有限元两种方法计算的感应电动势信号对比图（后附彩图）

其大小决定了脉冲的宽度，$\boldsymbol{r}'$ 是声源点，$\boldsymbol{r}$ 是场点。

在给定声场激励的前提下，采用直接法和互易法，分别计算了相应的感应电动势信号，并对计算结果进行了对比。其中直接法是在线圈检测模型中，无穷远边界条件下，直接求解场方程（19.6）和式（19.2）。为了简化计算，式（19.2）中检测线圈的位置选在了二维成像区域的边界。互易法是首先利用式（19.9）的求解得到互易电流密度的空间分量，然后再计算积分式（18.24）或（18.25），也可以计算电动势类波动方程（18.26）得到测量线圈的感应电动势 $\xi(t)$ 。

通过式（19.9）计算的电流密度分布的 x 分量如图 19.2（b）所示，y 分量如图 19.2（c）所示。两种方法计算的感应电动势信号如图 19.2（d）所示。其中实线表示利用有限元（FEM）方法直接计算的感应电动势信号，虚线表示利用互易场积分方程（integral）计算的感应电动势信号。

从对比的结果可以看出，互易场积分方程计算的结果与直接利用有限元计算电磁场的结果吻合度很高，波形是基本一致的，这从数值上说明了利用积分式（18.24）或（18.25）计算的结果是可信的。

为了得到探头旋转一周激励的感应电动势信号，在仿真中动态改变超声换能器的位置，也就是改变$\boldsymbol{r}'$的值，得到了在不同入射角度下的感应电动势信号。给定初始电导率分布如图 19.3（a）所示，互易过程中的电流密度的旋度如图 19.3（b)所示，获得的感应电动势信号用二维图表示，如图 19.3（c）所示。电流密度旋度和感应电动势信号的大小都作了归一化处理。

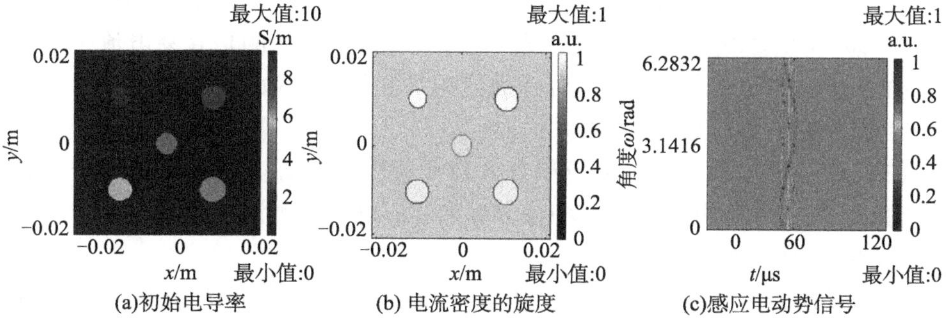

图 19.3 旋转超声换能器一周计算的感应电动势信号（后附彩图）

在图 19.3（b）中能够明显地看到在电导率的分界面处电流密度的旋度变化较大；在图 19.3（c）中，横轴是时间，单位为 μs，纵轴是角度，单位为弧度，其每行的颜色值代表每次扫描角度下随时间变化的感应电动势信号。从图 19.3（c)中还可看出，每次扫描中，对应 5 个电导率异常区域最多会出现 5 个感应电动势信号变化较大的区域。

参考文献

Guo L，Liu G F，Yang Y J et al. 2015. Vector based reconstruction method in magneto-acousto-electrical tomography with magnetic induction. Chin. Phys. Lett.，9：70-73.

Wang H，Liu G Q，Jiang L T，et al. 2008. 3D inverse problem of magnetoacoustic tomography with magnetic induction. 5th Int. Conference on Information Technology and Applications in Biomedicine，in conjunction with 2nd Int. Symposium and Summer School on Biomedical and Health Engineering，IS3BHE，78-81.

第 20 章　电磁场逆问题

在第 19 章，根据互易定理，建立了互易场积分方程：互易电流场积分方程（18.25）和互易磁力散度积分方程（18.24），前者描述的是互易电流密度与感应电动势信号之间的对应关系，后者描述的是互易磁力散度（或电流密度旋度）与感应电动势信号之间的对应关系。

在第 19 章中，我们将互易场积分方程和感应电动势类波动方程用于电磁场正问题的求解。实际上，互易场积分方程和感应电动势类波动方程也是求解电磁场逆问题的重要关系式。

磁探测式磁声成像的逆问题可以分成两步：第一步是求解互易场积分方程（18.24）或（18.25），第二步是根据互易电流密度或其旋度的空间分量重建电导率。

互易场积分方程与感应电动势类波动方程是等价的。在逆问题第一步求解互易电流密度或其旋度的空间分量时，第 16 章给出的电压检测式磁声成像的重建方法可以应用到本章研究的磁探测式磁声成像中。两者之间没有本质的差别，只是类波动方程右端源项的时间项由 $\delta(t)$ 变成了 $\delta'(t)$。

在逆问题重建的第二步，需要根据互易电流密度或其旋度的空间分量重建电导率。在线圈检测模式中，互易过程的电磁场问题是涡流场问题，这与电压检测式磁声成像互易过程中的电准静态场是不同的。由于从互易电流密度及其旋度重建电导率的问题仍然是一个非线性规划问题，第 16 章中的重建方法稍加修改就可以应用到磁探测式磁声成像中。

本章不再赘述电压检测式磁声成像的重建方法在线圈检测模式中的修改和应用，而是建立新的研究路线，探讨新的电导率重建方法。如图 20.1 所示，其中虚线所指的重建方法已经在第 16 章中介绍过，而实线所示的是本章将要介绍的重建方法，包括压缩感知法直接重建电流密度、阻尼最小二乘重建电导率、电流密度及其旋度联合重建电导率。

需要特别说明的是，在本章中出现的互易场均表示对应物理量的空间分量。

20.1　压缩感知法重建电流密度

利用压缩感知法求解矩量法构造的矩阵方程时，可以直接以电流密度矢量作

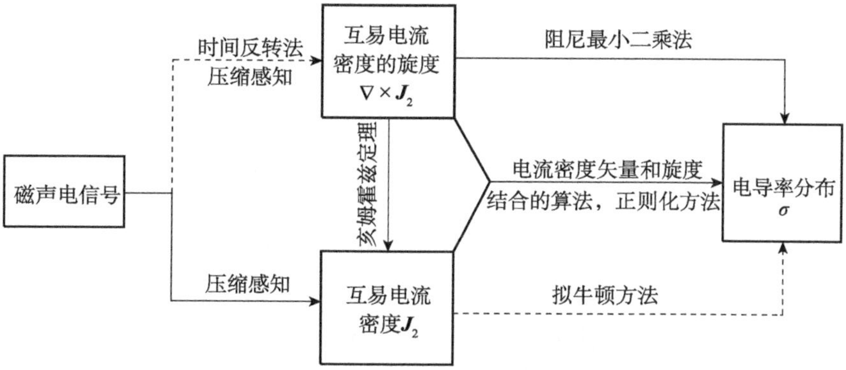

图 20.1 逆问题研究路线图

为未知量进行逆问题的求解，从而避开电流密度旋度的中间变量。本节主要研究以电流密度矢量为未知量构造矩阵方程的方法，以及利用压缩感知求解该方程的方法（Guo et al.，2015a）。

考虑二维层析平面 xoy，假设已知速度势 $\varphi(\boldsymbol{r},t)$，则式（18.25）可展开为

$$\xi(t)=\frac{1}{\rho_0}\iint_{r\in\Omega}J_{2x}(\boldsymbol{r})B_{0z}\frac{\partial}{\partial y}\varphi'(\boldsymbol{r},t)\mathrm{d}\Omega-\frac{1}{\rho_0}\iint_{r\in\Omega}J_{2y}(\boldsymbol{r})B_{0z}\frac{\partial}{\partial x}\varphi'(\boldsymbol{r},t)\mathrm{d}\Omega \quad (20.1)$$

其中，J_{2x} 和 J_{2y} 分别表示互易电流密度空间项沿着两个坐标轴方向的分量，B_{0z} 表示沿着 z 方向的均匀静磁场的大小。根据附录 A 介绍的矩量法，将待求区域离散成 $M\times N$ 个正方形网格，在第 k（$k\in[1:M\times N]$）个网格内电导率均匀，则位于第 k 个网格内的波动场可表示为

$$\xi(\boldsymbol{r}_k,t)=\frac{B_{0z}}{\rho_0}\sum_j\left[J_{2x}(\boldsymbol{r}_j)\iint_{r\in\Omega_j}\frac{\partial}{\partial y}\varphi'(\boldsymbol{r},t|\boldsymbol{r}_k,0)\mathrm{d}\Omega_j-J_{2y}(\boldsymbol{r}_j)\iint_{r\in\Omega_j}\frac{\partial}{\partial x}\varphi'(\boldsymbol{r},t|\boldsymbol{r}_k,0)\mathrm{d}\Omega_j\right] \quad (20.2)$$

其中，$\varphi(\boldsymbol{r},t|\boldsymbol{r}_k,0)$ 表示位于 $\boldsymbol{r}_k$ 处的超声换能器激励声场的速度势，$\varphi'(\boldsymbol{r},t|\boldsymbol{r}_k,0)$ 表示 $\varphi(\boldsymbol{r},t|\boldsymbol{r}_k,0)$ 对时间的导数，Ω_j 是第 j 个离散的区域。

对于给定速度势 $\varphi(\boldsymbol{r},t|\boldsymbol{r}_k,0)$，可按照式（20.2）求出在每个网格内对应的积分 $\iint_{r\in\Omega_j}\frac{\partial}{\partial y}\varphi'(\boldsymbol{r},t|\boldsymbol{r}_k,0)\mathrm{d}\Omega_j$ 和 $\iint_{r\in\Omega_j}\frac{\partial}{\partial x}\varphi'(\boldsymbol{r},t|\boldsymbol{r}_k,0)\mathrm{d}\Omega_j$，构成系数矩阵 $\boldsymbol{\Phi}$，从而方程（20.2）可转换成矩阵方程

$$\boldsymbol{U}=\boldsymbol{\Phi}\boldsymbol{D} \quad (20.3)$$

$\boldsymbol{D}$ 是电流密度两个分量构成的列向量

$$\boldsymbol{D}(\boldsymbol{r}_j)=\begin{bmatrix}\boldsymbol{J}_{2x}(\boldsymbol{r}_j)\\-\boldsymbol{J}_{2y}(\boldsymbol{r}_j)\end{bmatrix} \quad (20.4)$$

其中，$j \in [1:M \times N]$。$\boldsymbol{U}$ 是由元素 U_i 组成的列向量，表示测量的电信号。假设超声换能器在一周内（360°）等角度旋转 K 次，并且每次发射共采集 L 个时刻的数据点，那么 i 满足 $i \in [1:K \times L]$。根据式（20.2），系数矩阵 $\boldsymbol{\Phi}$ 可写为

$$\boldsymbol{\Phi} = \frac{B_{0z}}{\rho_0} \begin{bmatrix} \iint\limits_{r' \in \Omega_j} \frac{\partial}{\partial y} \varphi'(\boldsymbol{r}', t_i \mid \boldsymbol{r}_{ti}, 0) \mathrm{d}\Omega_j \\ \iint\limits_{r' \in \Omega_j} \frac{\partial}{\partial x} \varphi'(\boldsymbol{r}', t_i \mid \boldsymbol{r}_{ti}, 0) \mathrm{d}\Omega_j \end{bmatrix}^{\mathrm{T}} \tag{20.5}$$

其中，$\boldsymbol{r}_{ti}$ 表示采集第 i 个数据时超声换能器所处的激励位置。根据式（20.4）和（20.5）的离散格式求解矩阵方程（20.3），即可求出电流密度矢量的两个分量构造的矩阵 $\boldsymbol{D}$。

由于电流密度分布与电导率分布是相关的，如果电导率分布在某个基下是可压缩的，那么电流密度分量组成的矩阵也是可压缩的。因此方程（20.3）可以用压缩感知的原理求解。利用压缩感知方法，同样可得到与矩阵方程（20.3）等价的 1 范数优化问题为

$$\min \|\boldsymbol{\theta}\|_{l_1} \text{ s.t. } \boldsymbol{U} = \boldsymbol{\Phi\Psi\theta} \tag{20.6}$$

其中，$\boldsymbol{\theta}$ 是压缩后的列向量，$\boldsymbol{\Psi}$ 是变换矩阵，$\boldsymbol{\Phi\Psi}$ 是压缩感知矩阵。利用压缩感知的正交匹配追踪算法（OMP 算法）可直接获得电流密度矢量的空间分布。

首先给定电导率分布如图 20.2（a）所示，求解式（19.6），获得正演数据。

虽然电流密度矢量的两个分量在电导率边界处是不光滑的，但在均匀电导率内部通常是光滑的。由于光滑图像通常在傅里叶基下是可压缩的，所以我们在傅里叶基下进行了基于压缩感知的图像重建。

利用正交匹配追踪算法，求解 1 范数优化问题（20.6），获得电流密度矢量在 x 和 y 两个方向的分量。计算结果分别如图 20.2（d）和（e）所示。

为了将重建结果与实际互易电流密度矢量作对比，采用有限元方法通过求解泊松方程（19.9），分别计算了在线圈中外加电流激励作用下，互易电流密度矢量的空间分量。图 20.2（b）是互易电流密度 x 分量，图 20.2（c）是 y 分量。将有限元方法计算的结果作为标准与压缩感知重建结果进行对比。这里所有的结果都进行了归一化处理。利用式（16.9）分别计算了重建的互易电流密度与原始电流密度之间的相关度，得到 x 分量的相关度为 77.1%，y 分量的相关度为 74.5%。

从计算和对比结果可以看出，利用 OMP 算法同时计算的两个分量与原始互易电流密度矢量的分布基本一致，但重建结果并不十分理想，存在较大的误差。在电流密度不连续的边界处产生的误差影响边界附近的重建结果，在没有电导率

异常体的背景中，重建结果与标准值有一定差距。

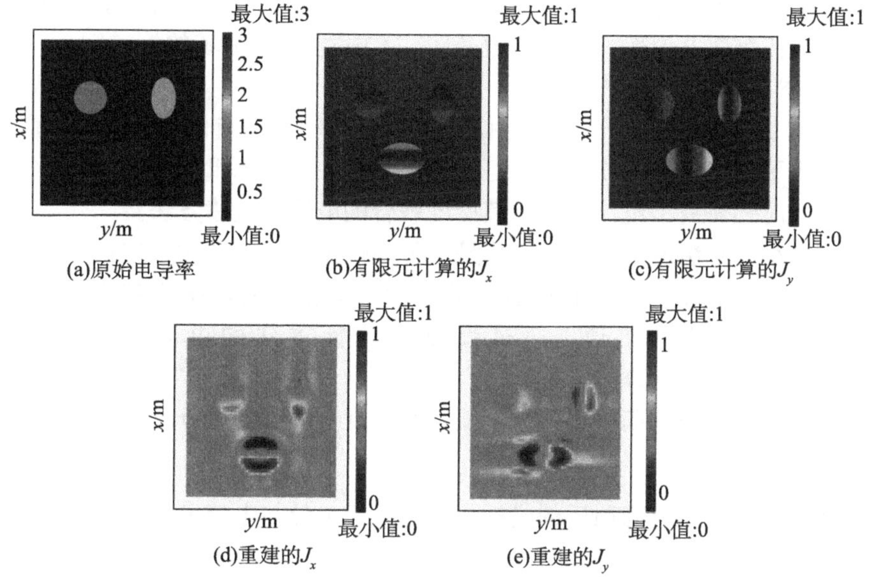

图 20.2 电流密度矢量的直接重建结果（后附彩图）

与重建互易电流密度的旋度相比，在没有增加测量数据量的情况下，仍然用矩阵方程重建互易电流密度矢量的两个分量，未知量增加为原来的两倍，导致矩阵方程欠定性增加。这有可能是引起重建质量下降的主要原因。

20.2 阻尼最小二乘法重建电导率

在磁探测式磁声成像中，利用互易电流密度及其旋度重建电导率其实质是求解低电导率介质的涡流场逆问题，而涡流场逆问题在感应式磁声成像（MAT-MI）中已经进行了广泛的研究。

在磁声成像的研究中，很多学者假设在分区均匀电导率模型的涡流场中，忽略电标位的影响，近似认为电场强度只是由磁矢位对时间求导构成的（Xu et al.，2005），在求出电流密度旋度后直接根据下式求电导率

$$\sigma = -\frac{\nabla \cdot (\boldsymbol{J}_2 \times \boldsymbol{B}_0)}{\boldsymbol{B}_1 \cdot \boldsymbol{B}_0}$$

忽略了电标位就是忽略了电导率边界处积累电荷的影响。这种假设在电导率变化不大的情况下计算结果是较准确的。但是当分区均匀电导率相差较大时，积累电荷的影响较大，会引入较大的误差。

本课题组的 Wang 等在 2008 年提出了“H 法”重建电导率的方法，它是基

于二维平面中磁场强度 $\boldsymbol{H}$ 的单一分量作为中间变量重建电导率的方法。他还给出了一种求解三维模型电导率的方法，其主要思路是在三维体的多个层析平面中进行反复迭代重建电导率。该方法避免了三维成像中静磁场的旋转问题（Wang et al.，2008）。

根据图 20.1 所示的研究路线图，在 Wang 等提出的直接迭代算法基础上，Guo 等提出了基于电流密度旋度的阻尼最小二乘法电导率重建方法（Guo et al.，2015b），同时还研究了电流密度及其旋度联合的电导率重建方法。

阻尼最小二乘法电导率重建方法是一种牛顿类的迭代方法，它首先通过正问题计算电标位的修正值，并利用有限差分的离散格式将其融入到 Hessian 矩阵中，得到电导率的修正值，通过反复迭代使重建的电导率逼近真实值（Tarantola et al.，1982）。

假设在二维层析平面中，互易电流密度旋度空间项的 z 分量已经重建出来

$$\nabla\times \boldsymbol{J}_2|_z = P \tag{20.7}$$

根据欧姆定律，消去时间项后的电标位、一次磁矢位与电流密度的空间分量之间满足

$$\boldsymbol{J}_2 \approx -\sigma\nabla u_2 - \sigma\boldsymbol{A}_2 \tag{20.8}$$

值得注意的是，在式（20.8）中，由于各个场量的时间项已经在方程两边消掉，$\boldsymbol{A}_2$ 是一次磁矢位的空间分量，因此并没有对时间的导数。

考虑到

$$\boldsymbol{B}_2 = \nabla\times\boldsymbol{A}_2 \tag{20.9}$$

其中，$\boldsymbol{B}_2$ 是一次磁感应强度。可以建立如下偏微分方程（Wang et al.，2008）

$$(\nabla\sigma\times\boldsymbol{A}_2)|_z + (\nabla\sigma\times\nabla u_2)|_z + \sigma B_{2z} = -P \tag{20.10}$$

其中，B_{2z} 是一次磁感应强度的 z 分量。

$\boldsymbol{A}_2$ 可以通过泊松方程 $\nabla^2\boldsymbol{A}_2 = -\mu\boldsymbol{J}_s$ 的求解预先获得，B_2 则可以通过求解式（20.9）获得。u_2 是电标位，是电导率 σ 的函数。展开式（20.10）可得

$$\frac{\partial\sigma}{\partial x}A_{2y} - \frac{\partial\sigma}{\partial y}A_{2x} + \frac{\partial\sigma}{\partial x}\frac{\partial u_2}{\partial y} - \frac{\partial\sigma}{\partial y}\frac{\partial u_2}{\partial x} + \sigma B_{2z} = -P \tag{20.11}$$

其中，A_{2x} 和 A_{2y} 分别是 $\boldsymbol{A}_2$ 的 x 和 y 方向分量。

将待求解矩形区域用正方形网格离散，采用有限差分方法，可将式（20.11）离散成五点差分格式

$$\begin{aligned}&\frac{\sigma_{i,j+1}-\sigma_{i,j-1}}{2h}A_{i,j}^{y} - \frac{\sigma_{i+1,j}-\sigma_{i-1,j}}{2h}A_{i,j}^{x} + \frac{\sigma_{i,j+1}-\sigma_{i,j-1}}{2h}\frac{u_{i+1,j}-u_{i-1,j}}{2h}\\&-\frac{\sigma_{i+1,j}-\sigma_{i-1,j}}{2h}\frac{u_{i,j+1}-u_{i,j-1}}{2h} + \sigma_{i,j}B_{i,j}^{z} = -P\end{aligned} \tag{20.12}$$

其中，h 为离散正方形网格的边长，$A_{i,j}^{x}$ 、$A_{i,j}^{y}$ 、$u_{i,j}$ 和 $B_{i,j}^{z}$ 分别表示 A_{2x} 、A_{2y} 、u_2 和 B_{2z} 在（i,j）节点上的离散值。假设在目标区域边界处的电导率为 0，式（20.12)可改写为矩阵方程后进行求解（Stone，2008）

$$\boldsymbol{C\sigma}=-\boldsymbol{P}$$

其中，$\boldsymbol{\sigma}$ 是 $M\times N$ 行的列向量，$\boldsymbol{C}$ 是 $K\times L$ 行 $M\times N$ 列的矩阵，$\boldsymbol{P}$ 是 $K\times L$ 行的列向量。由于 u_2 是与电导率有关的，因此系数矩阵 $\boldsymbol{C}$ 也是电导率 $\boldsymbol{\sigma}$ 的函数，重建电导率的非线性主要来源于 u_2 。重建电导率 $\boldsymbol{\sigma}$ 是典型的非线性规划问题，下面采用阻尼最小二乘法（L-M 算法）寻求最优解。

建立目标泛函

$$f=\frac{1}{2}(\boldsymbol{P}+\boldsymbol{C\sigma})^{\mathrm{T}}(\boldsymbol{P}+\boldsymbol{C\sigma}) \tag{20.13}$$

f 对 $\boldsymbol{\sigma}$ 的一阶导数和二阶导数矩阵分别为

$$\boldsymbol{J}=\boldsymbol{Q}^{\mathrm{T}}\boldsymbol{R} \tag{20.14}$$

$$\boldsymbol{H}=\boldsymbol{Q}^{\mathrm{T}}\boldsymbol{Q} \tag{20.15}$$

$\boldsymbol{J}$ 是 $M\times N$ 行 1 列的一阶导数矩阵，$\boldsymbol{H}$ 是 $M\times N$ 行 $M\times N$ 列的二阶导数矩阵，$\boldsymbol{R}$ 是 $K\times L$ 行 1 列的残差矩阵，$\boldsymbol{Q}$ 是 $\boldsymbol{C}(\boldsymbol{\sigma})\boldsymbol{\sigma}$ 对 $\boldsymbol{\sigma}$ 的一阶导数矩阵。$\boldsymbol{Q}$ 有 $K\times L$ 行、$M\times N$ 列。也就是说，矩阵 $\boldsymbol{J}$ 中第 i 行的元素是 $\partial f/\partial\sigma_i$ ，$\boldsymbol{H}$ 中第 i 行、j 列的元素是 $\partial^2 f/(\partial\sigma_i\partial\sigma_j)$ 。矩阵 $\boldsymbol{Q}$ 和 $\boldsymbol{R}$ 可由下列公式计算

$$\boldsymbol{Q}_j=\boldsymbol{C}_j+\frac{\partial\boldsymbol{C}_j}{\partial\sigma_j}\sigma_j \tag{20.16}$$

$$\boldsymbol{R}=\boldsymbol{C\sigma}+\boldsymbol{P} \tag{20.17}$$

$\boldsymbol{Q}_j$ 和 $\boldsymbol{C}_j$ 分别是矩阵 $\boldsymbol{Q}$ 和 $\boldsymbol{C}$ 的第 j 列向量。$\partial\boldsymbol{C}_j/\partial\sigma_j$ 表示 $\boldsymbol{C}_j$ 中每一个元素对 σ_j 的导数。因为 $\partial\boldsymbol{A}_2/\partial\sigma_j$ 和 $\partial B_{2z}/\partial\sigma_j$ 都是 0，所以导数矩阵 $\partial\boldsymbol{C}_j/\partial\sigma_j$ 只是由 $\partial u_2/\partial\sigma_j$ 构成的。因此，如果已知 $\partial u_2/\partial\sigma_j$ ，可以采用相同的离散方法用五点差分格式将 $\partial\boldsymbol{C}_j/\partial\sigma_j$ 离散成矩阵形式。

每次迭代中的电导率修正值为

$$\delta\boldsymbol{\sigma}=\boldsymbol{H}^{-1}\boldsymbol{J} \tag{20.18}$$

通常说来，二阶导数矩阵往往是病态的，不能够直接求逆。因此引入阻尼因子 μ，近似的电导率修正值可表示为

$$\delta\boldsymbol{\sigma}=(\boldsymbol{H}+\mu\boldsymbol{I})^{-1}\boldsymbol{J} \tag{20.19}$$

给定初始的电导率分布，通过式（20.14)～(20.17）计算导数矩阵，接下来通过式（20.19）计算出电导率的修正值，然后用电导率修正值更新电导率。最后再利用有限差分离散方法获得新电导率下的系数矩阵值。通过一定步数的迭

代，电导率将逐步趋近真实值。

在阻尼最小二乘的迭代方法中，一个非常重要的问题就是如何计算 $\partial u_2/\partial\sigma_j$。附录 E 给出了详细的推导过程，这里直接给出结果

$$\delta u_2 = u'_2 - u_2 \approx \iint_{r'\in\Omega'} \delta\sigma(\boldsymbol{A}_2 + \nabla u_2)\cdot\nabla G(r,r')\mathrm{d}\Omega' \tag{20.20}$$

其中，$G(r,r')$ 满足 $\nabla\cdot(\sigma\nabla u_2) = -\delta(\boldsymbol{r}-\boldsymbol{r}')$，也就是在 $\boldsymbol{r}'$ 处通入 1A 电流引起的电位分布。根据式（20.20），可得到 u_2 对 $\boldsymbol{\sigma}$ 的偏导数矩阵，也就是列向量 $\partial\boldsymbol{C}_j/\partial\sigma_j$ 满足

$$\partial\boldsymbol{C}_j/\partial\sigma_j = \nabla\boldsymbol{G}\cdot(\widehat{\boldsymbol{A}} + \nabla\widehat{\boldsymbol{u}}) \tag{20.21}$$

其中，$\widehat{\boldsymbol{A}}$ 和 $\widehat{\boldsymbol{u}}$ 分别是 $\boldsymbol{A}_2$ 和 u_2 构成的列向量，即

$$\widehat{A} = \begin{bmatrix} \boldsymbol{A}_2(1) \\ \boldsymbol{A}_2(2) \\ \vdots \\ \boldsymbol{A}_2(M\times N) \end{bmatrix},\quad \widehat{\boldsymbol{u}} = \begin{bmatrix} u_2(1) \\ u_2(2) \\ \vdots \\ u_2(M\times N) \end{bmatrix} \tag{20.22}$$

利用式（20.21）和式（20.22）可以求出有限差分系数矩阵对电导率的一阶偏导数矩阵，代入式（20.13）～（20.19）所描述的非线性最小二乘问题中，求出电导率的修正值。将修正后的电导率值代入式（20.12）进行离散，进而求得更新后的有限差分系数矩阵。以此循环迭代，电导率将逐步收敛于真实值。

以第 19 章中图 19.3（a）给定的电导率分布作为重建对象，首先根据压缩感知原理，采用正交匹配追踪算法在 db4 小波基下重建 $q(\boldsymbol{r}')$，从而重建出互易电流密度的旋度。归一化的重建结果如图 20.3 所示。为了考察压缩感知方法的抗噪性能，分别进行了不同信噪比下的重建。图 20.3(a)～(c)分别是在信噪比为 100、20 和 2 的情况下的重建结果。

将图 20.3 的重建结果与标准互易电流密度旋度图 19.3（b）进行对比，可以看出在 5 个电导率异常体边界处电流密度的旋度差异较大，异常体内部电流密度的旋度差异较小。在电导率分界面处会存在较大的误差，当目标体较小时，边界误差将影响内部分布源的重建效果，而当目标体较大时，能够明显区分出边界和内部之间的变化。

在不同信噪比的情况下研究数值算法的稳定性，发现随着信噪比的降低，噪声对本算法的影响减小。其主要原因在于压缩感知算法中小波基具有一定的滤波功能，可在一定程度上消除噪声干扰。

利用本节提出的方法，在已知电流密度旋度的基础上通过阻尼最小二乘法重建电导率，结果如图 20.4 所示。图 20.4(a)～(c)分别是信噪比为 100，20 和 2

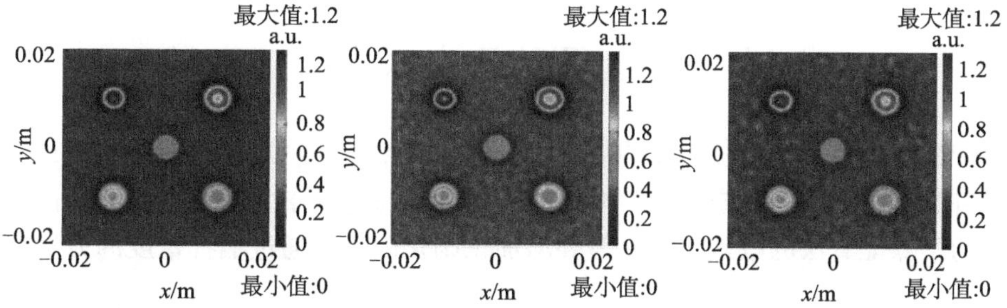

（a）SNR=100 （b）SNR=20 （c）SNR=2

图 20.3 不同信噪比下压缩感知重建的分布源（电流密度旋度）（后附彩图）

的重建结果，原始电导率与重建电导率都进行了归一化处理。图 20.4（d）是在没有噪声的情况下重建电导率与原始电导率在 $y=-1\text{cm}$ 截面处的对比图。

从重建的电导率可以看出，重建结果基本能够反映原始电导率的变化，并且当信噪比恶化时，对重建的结果并没有产生较大的影响。分析其主要原因是由于在不同的噪声等级下，选取的正则化因子不同。当正则化因子较大时，具有较高的抑制噪声能力。在无噪声的情况下，重建结果与原始电导率的相关度可达 90.3%。

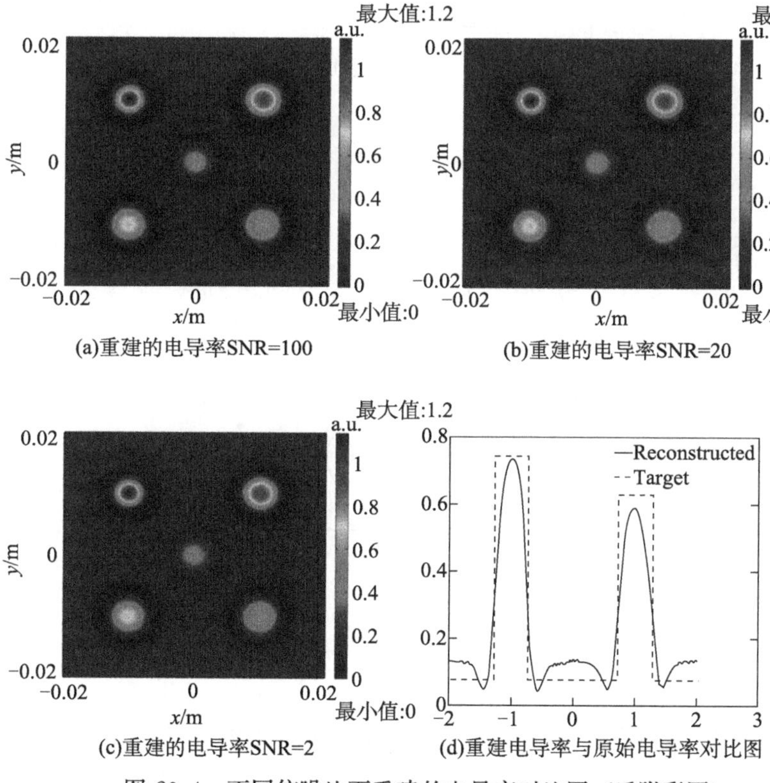

(a)重建的电导率SNR=100 (b)重建的电导率SNR=20

(c)重建的电导率SNR=2 (d)重建电导率与原始电导率对比图

图 20.4 不同信噪比下重建的电导率对比图（后附彩图）

20.3　电流密度及其旋度联合重建电导率

无论是直接利用电流密度旋度迭代重建电导率还是利用电流密度迭代重建电导率都具有较大的不适定性，主要原因是电标位与电导率之间存在复杂的函数关系。为了保证算法的收敛，通常需要增加正则化因子，通过牺牲精度的方法保证算法的稳定性。

为了解决不适定性问题，本节主要研究互易电流密度及其旋度联合重建电导率的方法。

20.3.1　递推法重建电导率

递推法重建电导率类似于浙江大学的周廉在 2013 年给出的“剥皮法”（周廉等，2013）。其主要思路都是从边界处的已知电导率出发，按照一定的递推关系式，逐层计算内部的电导率。

考虑欧姆定律

$$\sigma \boldsymbol{E}_2 = \boldsymbol{J}_2 \tag{20.23}$$

为了充分利用电流密度矢量信息，将式（20.23）代入式（20.7），并在两端同乘以 σ 可得

$$\sigma^2 B_{2z} + \sigma P - \nabla\sigma \times \boldsymbol{J}_2 |_z = 0 \tag{20.24}$$

将式（20.24）用前向差分方法离散可得

$$\left(\frac{J_{2y}}{h} - \frac{J_{2x}}{h} - P_z\right)\sigma_{i,j} - \frac{J_{2y}}{h}\sigma_{i,j-1} + \frac{J_{2x}}{h}\sigma_{i-1,j} - \sigma_{i,j}^2 B_{2z} = 0$$

它是关于电导率 σ 的二次递推方程，如果令

$$a = -B_{2z}$$

$$b = \left(\frac{J_{2y}}{h} - \frac{J_{2x}}{h} - P\right)$$

$$c = -\frac{J_{2y}}{h}\sigma_{i,j-1} + \frac{J_{2x}}{h}\sigma_{i-1,j}$$

则内部电导率的计算公式为

$$\sigma_{i,j} = \frac{-b \pm \sqrt{b^2 - 4ac}}{2a} \tag{20.25}$$

当边界处的电导率是已知的，即 $\sigma_{i,0}$ 和 $\sigma_{0,j}$ 作为边界值且已知，则从边界开始算起，能够向内部递推求出所有电导率分布。由于二次方程有两个根，而实际

电导率应该都是大于 0 的，在式（20.25）中应该取大于 0 的根。然而当计算的两个根都大于 0 时，通常取最接近附近电导率的值。递推过程示意图如图 20.5 所示。

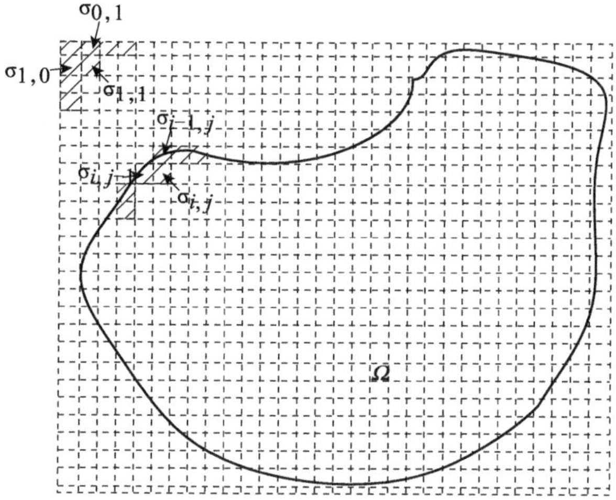

图 20.5 递推法重建电导率示意图

从图中可以看出，当未知区域 (i,j) 的上侧 $(i-1,j)$ 和左侧 $(i,j-1)$ 的电导率已知时，未知区域的电导率可以利用式（20.25）计算得到。然后再把点 (i,j) 作为已知数据点继续递推。对于矩形求解区域只要知道两个侧面（左侧和上侧）的边界电导率值，便可重建整个内部的电导率。

该递推方法类似于有限差分方法，但是与有限差分方法相比，它只利用到了部分边界信息，而不是四个边界的全部信息。所以当测量数据具有噪声时，经常导致算法失效。

针对分段均匀电导率模型，在式（20.24）中，第一项是由内部均匀电导率产生的，后两项是由电导率的变化产生的。在实际物理实验中，由于内部电导率形成的分布源非常小，实验中很难测到，因此在重建中可以忽略第一项，将递推公式从二次方程简化为一次方程，其递推格式变为

$$\left(\frac{J_{2y}}{h}-\frac{J_{2x}}{h}-P_z\right)\sigma_{i,j}-\frac{J_{2y}}{h}\sigma_{i,j-1}+\frac{J_{2x}}{h}\sigma_{i-1,j}=0$$

无论是一次递推方程还是二次递推方程，它们在无噪声的情况下可以得到较理想的重建效果。但是由于分布源 P 本身含有较大的噪声，递推重建方法效果较差。通过数值实验发现当数据含有噪声时，电导率的重建结果往往与真实值相差较大，无法得到正确的电导率分布。

20.3.2 对数法重建电导率

针对分段均匀电导率模型，在已知电流密度矢量以后，可以结合电流密度旋度，经过公式变换，推出电导率对数满足的偏微分方程。下面给出主要计算公式。

将电流密度旋度展开，忽略掉内部均匀电导率引起的电流密度旋度的变化，结合式（20.23）可得

$$\nabla\times \boldsymbol{J}_2 \approx \frac{\nabla\sigma}{\sigma}\times \boldsymbol{J}_2 = \nabla\ln(\sigma)\times \boldsymbol{J}_2$$

令 $\ln(\sigma)=R$，则上式可变为

$$\nabla\times \boldsymbol{J}_2 = \nabla R\times \boldsymbol{J}_2$$

在二维平面内，考虑式（20.7），可得

$$\frac{\partial R}{\partial x}J_{2y}-\frac{\partial R}{\partial y}J_{2x}=P \tag{20.26}$$

这是有关 R 的一阶偏微分方程，结合 R 的边界条件，利用有限差分或者有限元方法可直接求出 R 的分布。因为 ln(0) 是负无穷大，没有实际物理意义，所以边界处的电导率不能以 0 为边界条件。可以给定一个任意小值作为边界条件，求得电导率对数的相对分布。

20.3.3 数值仿真

在已知电流密度旋度和电流密度矢量的前提下，利用对数重建方法重建电导率结果如图 20.6 所示。由于在求解式（20.26）时，无论采用有限元方法还是有限差分方法，刚度矩阵或系数矩阵都可进行正则化处理，使得该算法具有较强的鲁棒性。

图 20.6（a）是原始电导率分布，由于电导率分布是通过二阶拉格朗日插值到有限元网格的，所以在边界处会有较亮的过渡边界，过渡边界只有一个网格尺寸的大小。图 20.6（b）和（c）分别是感应电流密度的 x 分量和 y 分量，图 20.6（d）是电流密度的旋度，图 20.6（e）是在无噪声的情况下利用对数重建法重建的电导率对数，图 20.6（f）是重建的电导率。图 20.6（e）和（f）显示的是归一化的重建结果，用于展示电导率的相对分布情况。

从重建的结果能够分辨出异常电导率的区域。通过式（16.9）计算得到重建电导率与原始电导率的相关度 RE=86.7%。另外，位于求解区域四个角上的电导率重建结果要优于中心处的电导率重建结果。其主要原因是越靠近成像区域的中心，也就是感应线圈的中心，在互易过程中感应出的电流密度就越小，同时实际电导率模型在中心处的值本来就是最小的，所以重建效果不理想。另外正则化

因子的选取也对重建精度有较大的影响。

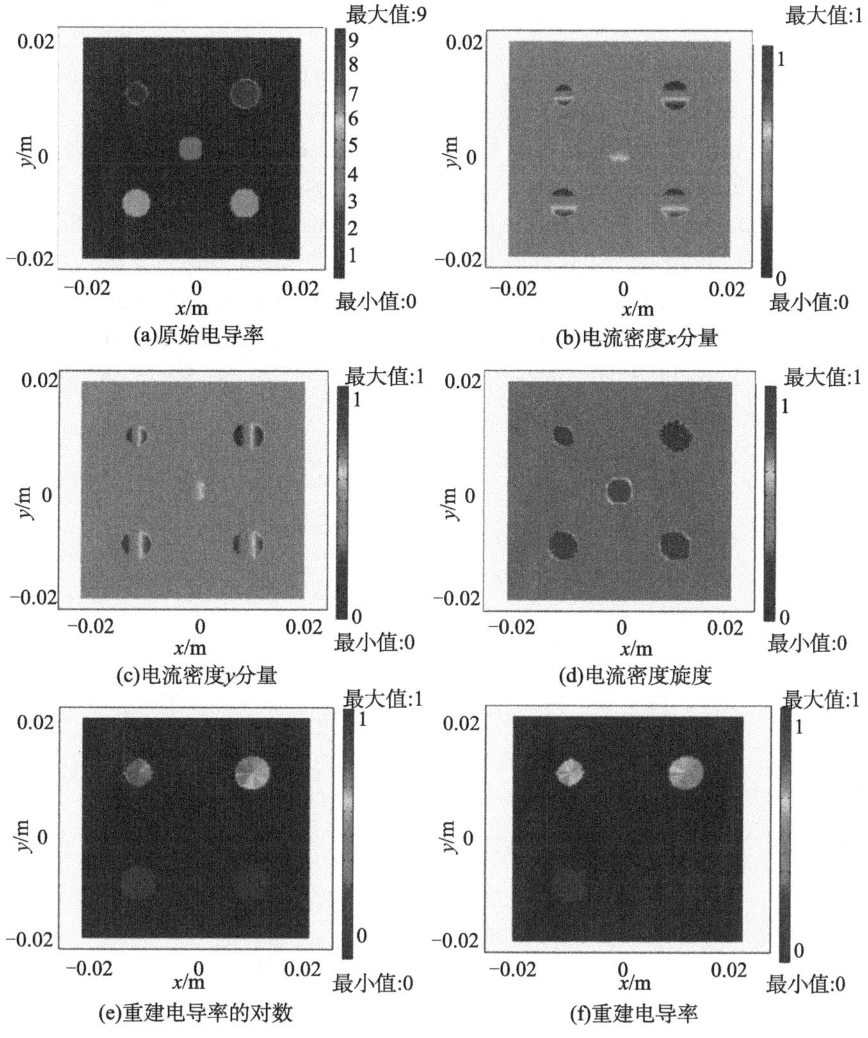

图 20.6 对数法反演电导率的重建结果（后附彩图）

参 考 文 献

周廉，朱善安，贺斌 .2013. 三维磁感应磁声成像的新算法研究 . 电子学报，41（2）：288-295.

Guo L，Liu G F，Yang Y J. 2015a. Vector based reconstruction method in magneto-acousto-electrical tomography with magnetic induction. Chin. Phys. Lett.，9：70-73.

Guo L，Liu G，Xia H. 2015b. Magneto-acousto-electrical tomography with magnetic induction for conductivity reconstruction . IEEE Transactions on Biomedical Engineering，62 (9)：2114-2124.

Stone HL. 2008. Iterative solution of implicit approximations of multidimensional partial differential equations. SIAM Journal on Numerical Analysis，5(3)：530-559.

Tarantola A，Valette B. 1982. Generalized nonlinear inverse problems solved using the least squares criterion. Reviews of Geophysics and Space Physics，20(2)：219-233.

Xu Y，He B. 2005. Magnetoacoustic tomography with magnetic induction (MAT-MI). Phys Med Biol，50(21)：5175-5187.

Wang H，Liu G Q，Jiang L T，et al. 2008. 3D inverse problem of magnetoacoustic tomography with magnetic induction. 5th Int. Conference on Information Technology and Applications in Biomedicine，in conjunction with 2nd Int. Symposium and Summer School on Biomedical and Health Engineering，IS3BHE ，78-81.

第 21 章　实验系统与实验研究

为了验证磁探测式磁声成像的有效性和可靠性，也为了在生物医学成像、油水两相流层析成像以及磁声电电导率测井等应用领域将磁探测式磁声成像再向前推进一步，我们设计并研制了成像实验系统。

对于电压检测式磁声成像实验系统国内外已有相关的研究报道，而对于磁探测式磁声成像实验系统，除了我们近期的工作外（Guo et al.，2015），本书截稿为止没有见到相关报道。

在成像的物理实验中，涉及静磁场、声场、涡流场等多个场之间的相互作用。与这些场相对应的成像实验系统的结构、布局将直接影响到实验结果，因此必须综合考虑各方面的影响因素，进行合理的设计与制作。由于被测信号是极其微弱的信号，若要得到可测的有用信号，必须在满足安全要求的前提下，尽量提高激励系统的幅度，并同时增加检测系统的灵敏度，提高信噪比。这里说的安全限制对于不同的应用要求各不相同。例如，在生物医学领域，声场、静磁场以及二者相互作用产生的电流都不能超过人体耐受的极限，而在多相流层析成像领域，该限制将大大降低，只要不产生明显的发热而影响到正常的检测过程，并采取适当的防爆措施，就可以认为是安全的。在电导率测井领域中，微弱信号检测还需要考虑井孔中高温、高压环境的限制，检测难度进一步加大。

在实验系统研制的基础上，主要针对电导率的仿体进行了成像实验。由于成像的目标主要是油、水两相流体或近似流体的生物组织，并且在理论研究中已将其近似为均匀的声学介质，所以在实验过程中应采用声学特性近似均匀的仿体和超声耦合剂。研究中用不同浓度氯化钠溶液制成的凝胶作为电导率仿体（被测目标体），它的声学特性与绝缘油或水的声学特性基本一致，具有近似相同的声阻抗和传播速度。将凝胶仿体置于绝缘油或去离子水中进行成像符合声学均匀特性的假设。

从前面的理论分析可知，成像实验需要用超声换能器环绕在仿体周围，从多个位置发射声波，激励感应电动势信号。为了实现声扫描的过程，我们用仿体的旋转代替超声换能器的旋转，从而实现与超声换能器旋转扫描相同的声激励效果。

如果将磁探测式磁声成像应用在油水两相流层析成像中，那么被测对象是相对流动的。若假设油水两相流的流速较低，与声振动速度相比可以忽略不计，并且在整个声扫描过程中被测对象的电导率分布没有发生明显的相对变化（需要提高扫描速度），则可以忽略流体中多普勒效应，将流体近似认为是相对静止的。在这种假设的前提下，油水两相流的层析成像过程也可以用静止的凝胶仿体进行验证。

下面将从实验系统的设计与研制和仿体实验两方面详细阐述磁探测式磁声成像实验。

21.1 实验系统总体设计

综合考虑声场与电磁场之间的耦合关系，以及超声激励与电信号检测之间的对应关系，设计总体实验系统如图 21.1 所示。

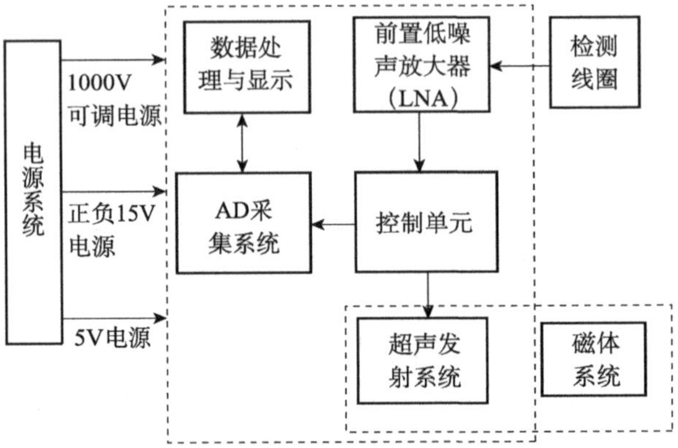

图 21.1 总体实验系统组成框图

实验系统总体上分为三大部分：电源系统、同步触发控制与数据采集系统、激励系统。其中的电源系统能够产生高达 1000V 的可调直流高压电源，用于驱动超声换能器；它还能提供驱动系统使用的正负 15V 电源以及控制系统使用的 5V 电源。同步触发控制与数据采集系统包括控制单元、检测线圈、低噪声放大器和 AD 采集系统，主要功能是：在同步脉冲的控制下完成数据的采集和处理。激励系统包括超声发射系统和磁体系统，前者包括超声激励系统和超声换能器，用于产生超声激励信号，后者用于产生静磁场。为避免干扰，检测线圈、磁体系统和超声换能器都集成在旋转扫描屏蔽腔中。屏蔽腔的作用有二，一是屏蔽外界电磁干扰，二是作为旋转扫描传动系统的载体。

同步触发控制系统是整个实验系统的核心，它首先产生低压脉冲激励信号，送给超声激励系统，用于驱动超声换能器。同时同步触发控制系统在脉冲的同步作用下，对前置低噪声放大器的输出信号进行采集，并通过串口将数据传给上位机的数据处理与显示系统。

超声发射系统包括超声激励系统和超声换能器，前者作用是放大同步触发控制模块产生的低压脉冲激励信号。该系统利用电容瞬间放电的原理将 FPGA 产生的 TTL 脉冲放大到最高 1000V，从而满足驱动超声换能器的要求。

检测线圈感应到感应电动势信号，通过信号线传送给前置低噪声放大器。由于信号非常微弱，所以前置低噪声放大器必须具有很高的增益和很低的噪声系数，才能满足感应电动势信号放大的要求。前置低噪声放大器输出的信号可以在同步脉冲的控制下被数据采集系统采集、存储，并在采集完成后，通过数据线将数据传送到上位机，再进行后续的处理和成像。

实验系统的各部分连接紧密，互相制约。下面针对每个功能子系统分别介绍其设计原则与实现方法。

21.2 电源系统

如图 21.1 所示，电源系统由三种不同电压等级的恒压源组成，它们分别是：1000V 可调高压直流电源、正负 15V 电源和单 5V 电源。其中，正负 15V 供给超声发射系统的脉冲驱动电路，单 5V 电源供给同步触发控制与数据采集系统，这两种低压电源都可以用开关电源模块实现。电源部分设计的重点在于 1000V 可调高压直流电源。

由于超声驱动电路产生的脉冲信号电压幅度可达 1000V，瞬态电流可达 100A，所以瞬态功率高达 100 kW。但是由于脉冲宽度只有 500ns，如果重复频率按照 1kHz 进行设计，那么超声驱动脉冲的占空比只有 1/2000，因此超声驱动脉冲的平均功率是很低的。按照上述估计，在超声驱动脉冲上消耗的平均功率只有 50W。

在实验过程中，脉冲重复频率一般都远小于 1kHz，如果取 100Hz，那么只有 5W 的平均功率。考虑到系统自身的消耗，留出充足的余量，1000V 可调高压直流电源的额定功率实际选为 200W。

高压可调直流电源电路原理图如图 21.2 所示。

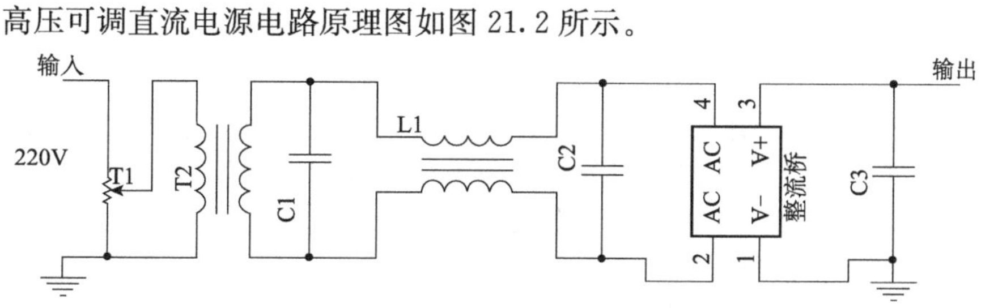

图 21.2 可调直流高压电源原理图

单相 220V 交流电首先经过自耦调压器 T1 降压，然后经过一个 1∶4 的隔离升压变压器 T2 进行升压，输出隔离的交流电压有效值最大可达 880V。C1、C2 和共模电感 L1 组成一个抗 EMI 滤波电路，减小对电路的干扰。整流桥和输出滤波电容 C3 组成的全波整流和电容滤波电路，将交流电压整为直流。输出直流电压在空载下最高可达 1200V 左右。T1、T2 的容量为 250 VA。L1 和整流桥允许电流选为 2A 即可。电容 C3 必须能为后级提供较大的脉冲电流，所以应选用高压脉冲电容。

21.3　同步触发控制与数据采集系统

21.3.1　同步触发控制系统

同步触发控制系统是整个实验系统的核心，它负责产生同步控制脉冲，控制超声激励信号的产生和感应电动势信号的同步采集。它是以单片机和 FPGA 为核心的智能控制系统。实验过程中的超声激励、参数设定、数据采集和预处理、信号同步采集等过程都在它的控制下协调工作。因此合理地设计同步触发控制与数据采集系统能够使整个实验系统顺畅、高效的工作。

根据实验要求的各项功能，设计该系统的结构框图如图 21.3 所示。

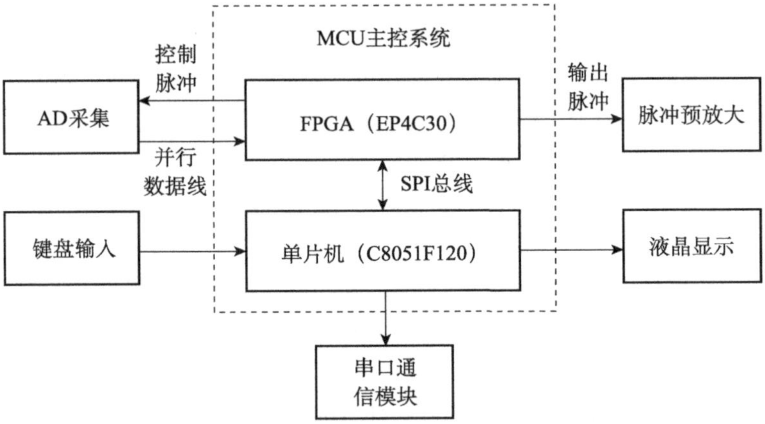

图 21.3　同步触发控制与数据采集系统

MCU 主控系统采用 C8051F120 单片机和 FPGA 组成的主从式双核控制系统。其中，单片机主要用于人机接口、与上位机的数据通信、配置 FPGA 参数等，而 FPGA 主要用于产生对实时性要求较高的同步触发信号，实现高速数据采集及实时的数据预处理等。

从同步触发控制与数据采集系统的整体结构可以看出，一些关键的控制脉冲参数都是由单片机和 FPGA 联合完成的，因此 FPGA 和单片机在此设计中起着非常重要的作用。控制脉冲主要有三种：一是控制超声换能器激发超声波的脉冲，二是控制 AD 采集芯片进行数模转换的脉冲，三是 FPGA 控制内部数据预处理与存储的脉冲。

由于感应电动势信号信噪比很低，单次激发产生的电信号完全淹没在白噪声中，无法被获取。为了得到真实的有用信号，通常需要多次重复激发单脉冲超声波，在每次激发中都进行数据采集，并将多次超声激励下采集到的数据取平均值。由于白噪声具有广谱、随机的特性，通过多次取样平均后，白噪声水平将大大降低，从而提高了信噪比，能够获得有用信号。微弱信号检测理论告诉我们，信噪比的提高与多次采样平均次数的平方根成正比，即 $\mathrm{SNR} \propto \sqrt{N}$ ，其中 SNR 是信噪比，N 是采样平均次数。为了提高信噪比，获得有用信号，必须尽量提高采样平均次数。但是由于提高平均次数必然带来测量时间的延长，因此必须在满足测量时间要求的范围内增加采样平均次数。

成像实验中，超声激励采用时间域的单脉冲瞬态超声波。当脉冲超声传播到成像区域附近时，数据采集系统才开始采集。因此从超声激发到数据采集之间需要一定的延迟 t 。如果一共激发 N 次超声波，每次超声激发采集 M 个数据点，那么对 M 个数据中的每一个数据，取 N 次激发的平均值，最终可以得到 M 个平均后的数据作为最终测量值。

综合考虑超声驱动脉冲、AD 采集脉冲以及预处理和存储脉冲的逻辑关系，设计脉冲时序图如图 21.4 所示。

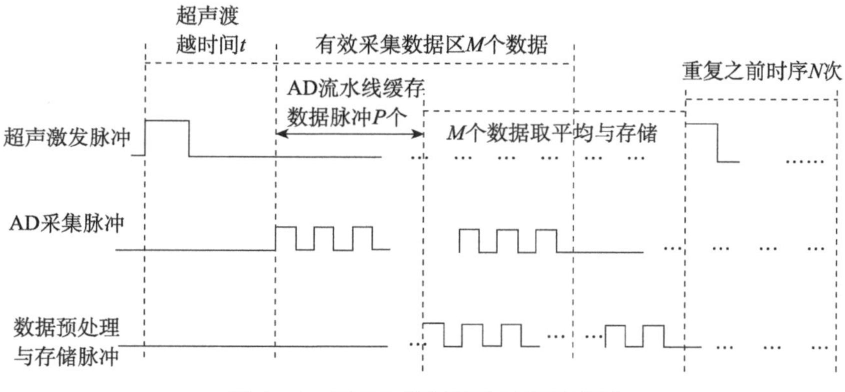

图 21.4 FPGA 控制脉冲时序示意图

从时序图可以看出，超声激发的脉冲是重复频率低、脉宽很窄的单个脉冲。在超声激励脉冲发出后，延时一段时间 t，AD 采集脉冲才开始启动。AD 采集脉冲刚开始启动的时候，AD 并没有数据输出，所以没有数据预处理与存储脉冲。由于 AD 转换器的流水线结构，当 AD 脉冲送出若干个（8 个）以后，缓冲数据开始出现在数据线上，此时启动数据预处理与存储脉冲，将之前多次激发的数据之和与本次激发获取的数据对应相加后重新存回到原来的位置。

无论是超声激励脉冲、数据采集脉冲还是内部预处理与数据存储脉冲都由一个 PLL 提供系统时钟。FPGA 外部晶振频率为 50MHz，二倍频后给超声激励脉冲模块提供系统时钟，3/5 分频后变为 30MHz，为 AD 采样、数据预处理与存储模块提供系统时钟。

根据上述脉冲时序逻辑，实现 FPGA 内部的总体设计如图 21.5 所示。FPGA 中的虚线下方是超声驱动脉冲发生部分，经过脉冲预放大电路后给超声驱动系统提供脉冲信号；虚线上方是 AD 采样和数据预处理与存储模块，用来控制数据的同步采集、预处理与存储。由于数据采集、预处理和存储部分逻辑控制较为复杂，所以在设计中采用数字系统设计中常用的“控制器-受控器”的设计思路，完成数据的流水线采集与处理过程。

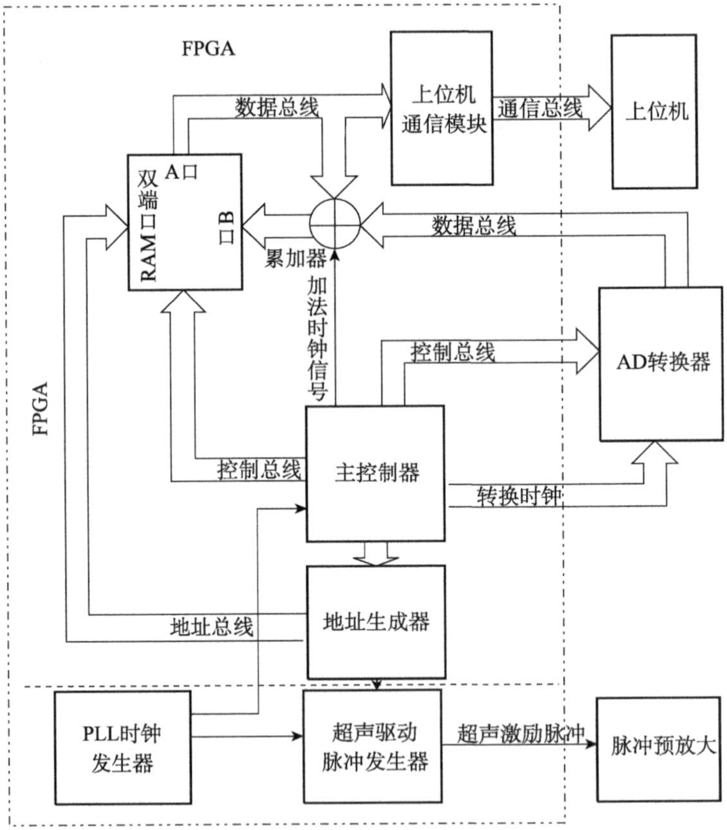

图 21.5 FPGA 内部总体设计

在主控制器的同步作用下，超声换能器在每个扫描角度下，均按如下顺序完成控制逻辑。

第一步：产生超声驱动脉冲，送给脉冲预放大电路；

第二步：等待一定的时间让超声波传播到目标区域；

第三步：地址发生器地址加 1，同时送出 AD 采集脉冲；

第四步：读取双端口 RAM 中相应的数据与 AD 转换结果相加；

第五步：将相加的结果回存到相同的地址单元；

第六步：返回第三步，直到所有 M 个数据采集完毕，完成第一次超声激励下的数据采集；

第七步：地址寄存器清零，并返回第一步进行下一次的超声激励，直到 N 次超声激励全部完成后结束。各次激励下的数据累加结果都保存在 RAM 中。

第八步：将 RAM 中的数据全部读出，通过上位机通信模块将数据传给单片机进行后续处理。

当在一个扫描角度下的数据采集完成后，改变到下一个扫描角度时，重新启动上述控制逻辑。根据该工作流程设计的主控制器状态转换图如图 21.6 所示。

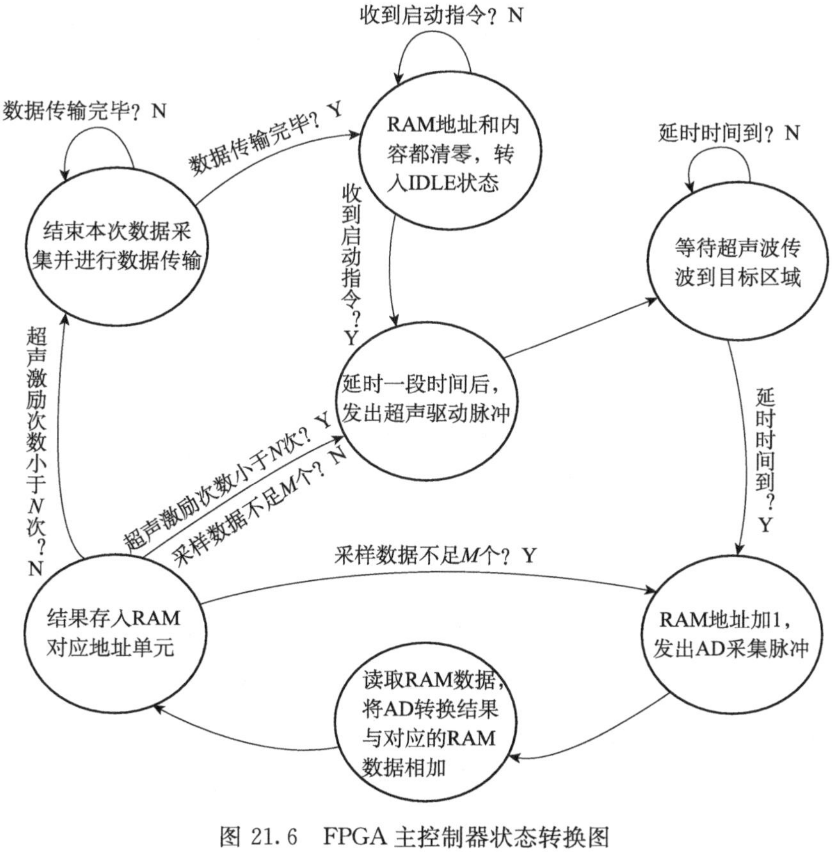

图 21.6 FPGA 主控制器状态转换图

在一次数据采集的过程中，AD 启动、RAM 读取以及数据相加等操作是串行的，可以采用流水线结构进行设计。例如，在当前数据进行存入 RAM 操作的同时，可以完成下一个数据的加法运算，以及下下个数据 AD 采集。因此，虽然在状态图中有若干个操作状态，但是通过优化的流水线设计，能够在三个系统时钟的周期内，完成一个数据的采集与存储。也就是说，系统时钟是 30MHz 的情况下，可以实现 10MHz 的采样频率。

为了实现 MCU 主控系统的设计，采用“自顶向下”的设计方法（top-down）实现了 FPGA 中“控制器-受控器”的设计。其中顶层采用原理图设计，尽量将其拆分成基本的数字电路模块的组合，各个小模块采用 Verilog 语言编写。

超声驱动脉冲模块的设计如图 21.7 所示。在图 21.7 中，模块 A 是锁相环（PLL），用于提供两个时钟 c0 和 c1，分别给超声激励和数据采集、预处理与存储系统提供脉冲。

模块 B 和 C 是两个计数器，分别实现脉冲宽度的延时和重复频率的延时。E 是一个 D 触发器，用于同步外部输入和内部脉冲，防止脉冲非正常启动和非正常停止。D 是一个移位寄存器，它能将串行数据转换成并行数据，用于 FPGA 和单片机之间的 SPI 总线数据通信。

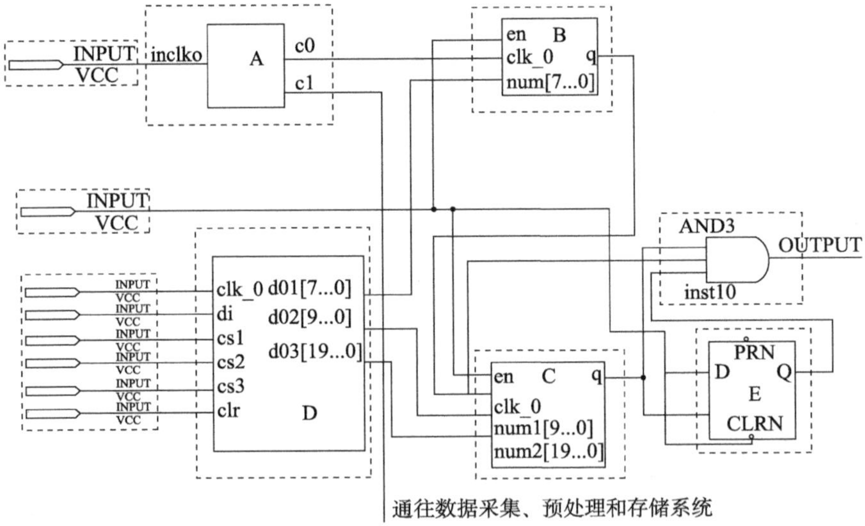

图 21.7　FPGA 中的超声驱动脉冲模块

AD 采集控制和数据预处理与存储控制模块的硬件设计图如图 21.8 所示。

图 21.8 中模块 A 是一个 32 位的无符号加法器，用于将 RAM 中读出的数据与 AD 采集的数据相加。

模块 B 是一个 8K 字节的 RAM，由于 AD 转换器是 12 位的，所以需要用到

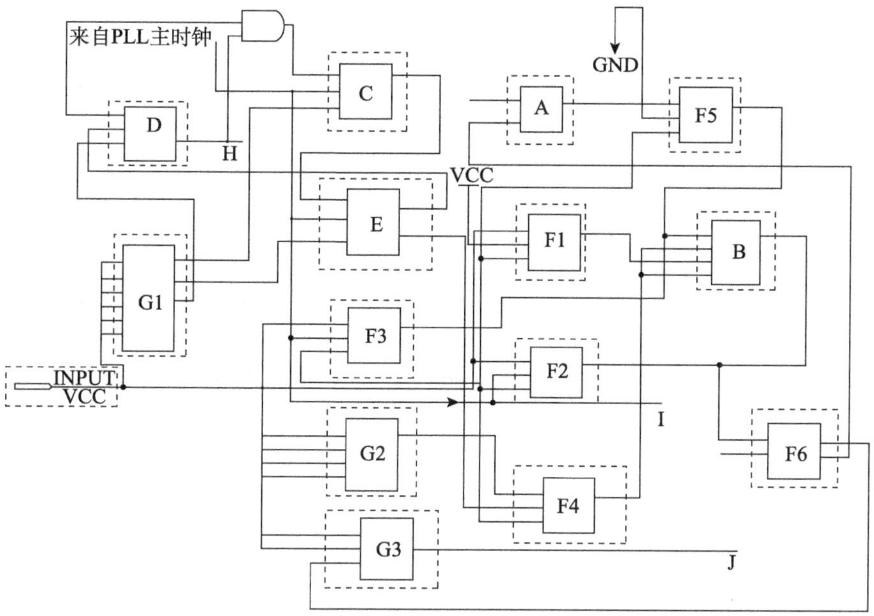

图 21.8 FPGA 中的 AD 采集、预处理与存储控制模块

两个字节存储一个采集数据，那么 8K 的 RAM 可以在一次超声激发的过程中存储 4K 个数据。如果采样频率为 10MHz，则可以实现 800μs 数据采集与存储的时窗。

模块 C 是预计数器，用于实现超声传播时间的延时。模块 D 是一个循环计数器，用于实现激发次数 N 的计数。模块 E 是主状态机，用于实现图 21.6 的状态循环，同时实现采集数据个数 M 的计数，也是 RAM 存储器的地址生成器。

模块 F1 到 F5 都是数据选择器，用于切换 FPGA 内寄存器的控制权。FPGA 内部的寄存器在正常实验时需要由内部的状态机控制，而在数据采集完成后，需要由单片机控制将数据读出来。FPGA 内部状态机与单片机分别控制内部寄存器就是通过数据选择器实现的。利用数据选择器的选通特性，可以在不同的状态下将内部寄存器的控制线和数据线等连接到不同的地方，分别实现 FPGA 内部状态机和单片机的双核控制。

G1 到 G3 是三个移位寄存器，用于实现 SPI 总线串行数据到并行数据的转换。由于 FPGA 与单片机之间需要传输大量的配置参数，为了减少单片机与 FPGA 之间通信用 IO 端口的数量，单片机与 FPGA 之间的数据传输均采用选通功能的 SPI 总线实现。由于脉冲控制参数只需要由单片机发往 FPGA，所以在 FPGA 端只需要设计一些带选通功能的移位寄存器即可，而在单片机一端可以用通用 IO 端口模拟三线 SPI 总线进行数据传输。这三根线分别是用于传输数据的 data，传输同步脉冲的 clk，以及片选线 cs。

输出端口 I 是送给 AD 转换芯片的控制脉冲，输出端口 J 是 FPGA 到单片机的数据输出端口，输出端口 H 是 FPGA 状态标志位，标识当前 FPGA 是在数据采集状态还是处于空闲状态，供单片机系统查询。

AD 采集系统的核心是一片 12 位的高速 AD 采样芯片 AD9226，它在 FPGA 同步脉冲的作用下将感应电动势信号转换成数字信号。AD 转换芯片最高采样频率可达到 65MHz，具有流水线的输入输出结构，能够满足高速感应电动势信号采样的需要。AD 采集系统通过并行数据线与 FPGA 相连，实现高速数据传输的功能。AD 采集时序如图 21.9 所示，从图中可以看出该 AD 芯片有 8 个脉冲周期的数据缓冲时间，也就是图 21.4 中的 $P=8$，在 FPGA 的时序设计中必须考虑进去，否则易出现存储数据的错位。

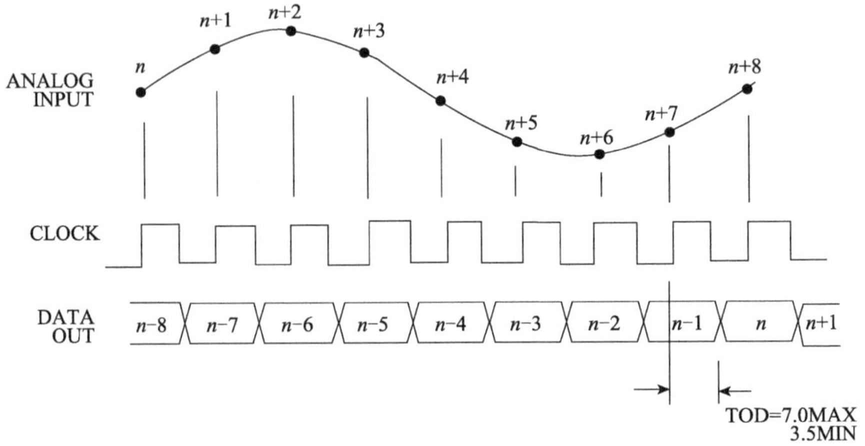

图 21.9　AD 采集时序图

人机接口模块包括键盘输入和液晶显示。需要人工输入并且显示的数据包括超声脉冲的脉宽、重复频率、脉冲个数、数据采样频率、采样起始时刻、采样长度、平均次数等。这些参数都将通过人工键盘输入，并能在液晶中进行显示。单片机接收到这些配置后，将与 FPGA 进行交互，配置 FPGA 产生满足要求的控制脉冲信号。

通信系统是由 RS232 串口组成的数据传输系统。它能够在单片机的控制下，将 FPGA 中采集的数据传送给上位机（也就是计算机）进行后续的处理。TTL 电平到 RS232 串口的逻辑转换采用集成芯片 MAX232。

脉冲预放大模块可以将 FPGA 产生的超声驱动脉冲放大到 13V 左右，从而满足后续超声激励系统的输入要求。由于被放大的信号是重复频率低、脉冲宽度窄的方波脉冲，因此需要放大电路具有极高的增益带宽积和压摆率。我们采用视频运算放大器 AD811 实现脉冲的放大。AD811 是电流反馈型运算放大器，其增益带宽积可达 140MHz，压摆率可达 2500V/μs，组成的放大电路如图 21.10 所示。

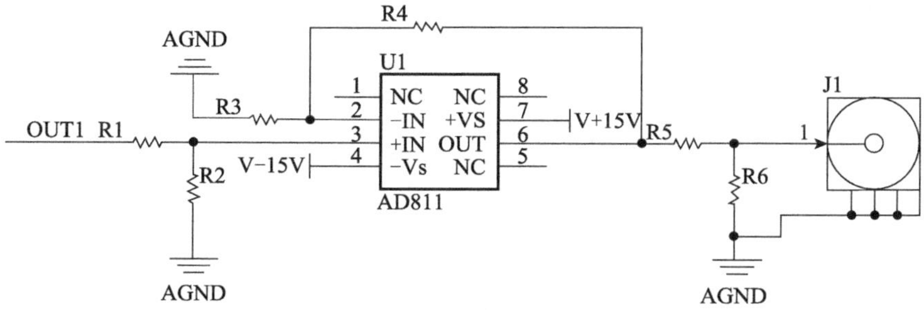

图 21.10 脉冲预放大电路

21.3.2 数据采集系统

检测线圈是处于采集系统最前端的传感器，用于测量感应电动势。必须精心设计才能更好地测量微弱的磁声电信号。我们设计的检测线圈是由漆包线密绕在两个吸声塑料骨架上制成的。这两个塑料骨架分别放置在上、下两个永磁体内测，靠近被测仿体，用于感应电信号。

由于感应电动势信号的频谱随着被测电导率分布的变化而变化，因此要想准确检测信号，检测线圈必须具备足够的带宽。这就要求检测线圈的品质因数，也就是 Q 值，不能太高。但是如果 Q 值太低，则检测信号的幅度就会很低，也会影响最终的检测结果。

线圈的 Q 值取决于线圈的尺寸、材料以及缠绕方式。我们采用较细直径的漆包线，经过多匝的紧密缠绕制成检测线圈。在漆包线直径和材料一定的情况下，线圈的绕制方法决定了线圈的等效电路参数。

对于密绕线圈而言，如果我们忽略线圈之间的分布电容，那么线圈的匝数越多，线圈两端感应的电信号就越强。但是在感应电动势信号频率范围内，线圈间的分布电容不能忽略，因此导致线圈两端的电压并不随着匝数增加而线性增加。检测信号会随着匝数的变化而出现极值。

如果采用圆柱形骨架，圆柱形的两个圆形端面分别叫做 A 侧和 B 侧，那么线圈从 A 侧密绕到 B 侧作为一层，然后直接返回 A 侧后再密绕到 B 侧作为第二层，依次类推逐层缠绕，这种绕法叫做 Z 型绕法。

如果采用 Z 型绕法，假设每匝线圈产生的感应电动势 ξ 是相同的，线圈总匝数为 N，则总感应电动势为 $N\xi$ 。假设每匝线圈的电阻也是相同的，大小为 r；每匝线圈的电感大小为 L，则总电感正比于 N^2 ，可写为 N^2L 。

当按照 Z 型绕法缠绕时，假设 n 为密绕线圈的层数，d 为两层之间的间距，l

为线圈的平均周长，k 为每层线圈的匝数，D 为漆包线的直径。由于线圈每层中匝与匝之间的串联分布电容远小于层与层之间的并联分布电容，所以忽略匝与匝之间的串联分布电容，其并联分布电容 C_p 可用如下公式来表示（王昕等，2000）

$$C_p = \frac{(n-1)\varepsilon_r\varepsilon_0 lkD}{n^2 d} \tag{21.1}$$

如果层数 n 较多，令 $C = \frac{\varepsilon_r\varepsilon_0 lD}{d}$，上式可简化为

$$C_p \approx \frac{\varepsilon_r\varepsilon_0 lk^2 D}{Nd} = \frac{k^2}{N}\frac{\varepsilon_r\varepsilon_0 lD}{d} = \frac{k^2}{N}C \tag{21.2}$$

根据上述分析建立的 Z 型密绕线圈的等效电路模型如图 21.11 所示。从图中可以看出，线圈感应电动势与线圈电感之间是串联的关系，分布电容与其他元件之间是并联关系。被测的有用信号其实是电容两端的电压。

从频域的角度来考虑，虽然图 21.11 所示的检测电压 $\dot{U}$ 是感应电动势经过电阻、电感、电容串联的低通滤波结果，但是感应电动势本身也是频率的函数，并且随着频率的降低而降低，所以从本质上讲，线圈感应电路应该是一个带通滤波电路。只是当单圈感应电动势一定的情况下，才可等效为如图 21.11 所示的二阶低通滤波电路。

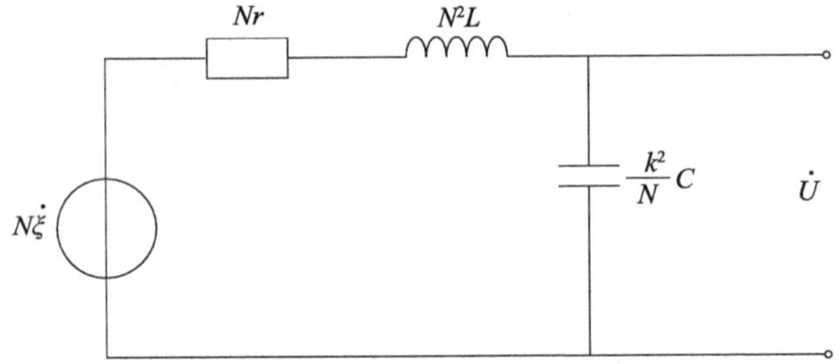

图 21.11　Z 型密绕线圈的等效电路

电容两端的输出电压可用向量表示为

$$\dot{U} = N\dot{\xi}\frac{-jN/\omega k^2 C}{Nr + j\omega N^2 L - jN/\omega k^2 C} = \frac{\dot{\xi}}{\left(\frac{1}{N} - \omega^2 k^2 LC\right) + \frac{j\omega k^2 rC}{N}} \tag{21.3}$$

即

$$|\dot{U}| = \frac{|\dot{\xi}|}{\sqrt{\left(\frac{1}{N} - \omega^2 k^2 LC\right)^2 + \left(\frac{\omega k^2 rC}{N}\right)^2}} \tag{21.4}$$

为了得到最好的检测效果，应该使电容两端电压最大。取式（21.4）的最大

值，分母应取最小值。令分母的导数为 0，可得

$$\frac{\partial U^2}{\partial N}=0 \quad \Rightarrow \quad N=\frac{\omega^2 k^4 r^2 C^2+1}{\omega^2 k^2 LC}\approx\frac{1}{\omega^2 k^2 LC} \tag{21.5}$$

其中，U 表示向量 $\dot{U}$ 的有效值。通过式（21.5）可以计算在已知频率 ω 和每层缠绕匝数 k 的情况下，使线圈检测信号取最大值所对应的总匝数 N。

在实际制作过程中，一般不通过式（21.2）计算分布电容。如果有阻抗分析仪，可以直接通过阻抗分析仪得到线圈的实验参数。在没有阻抗分析仪的情况下，上面分析中用到的 L、C 和 r 都可以通过事先缠绕一组线圈的方法，用 LCR 数字电桥测量得到。其中，总分布电容 C_p 可以由下面公式计算得到

$$C_p=\frac{L_2-L_1}{4\pi^2 L_2 L_1(f_2^2-f_1^2)} \tag{21.6}$$

其中，L_2 是电桥在频率 f_2 时测量的电感值，L_1 是电桥在频率 f_1 时测量的电感值。通过测量得到的 C_p，利用式（21.2）可求出 C。用实验方法确定的参数比用公式计算相对准确一些。

另外，在实际制作过程中，线圈的缠绕匝数和层数受到漆包线直径和装配空间的限制，不可能随意改变。通过多次实测验证发现，漆包线直径为 0.2 mm，总匝数为 150 匝左右时，对应的中心频率约为 1MHz，并通过式（21.5）计算得到：每层缠绕 21 匝左右，缠绕的层数为 7 层。

由于感应电动势信号是极其微弱的电压信号，其量级在 10^{-7}V 左右，因此在进行 AD 采集之前必须采取高增益、低噪声的前置放大。前置低噪声放大器（LNA）设计的好坏直接影响到 MAET 信号采集的质量。

我们采用集成宽带、低噪声放大器芯片 AD8099 设计了一个增益 84dB、带宽 50k～5MHz、噪声系数 2dB 以内的前置放大器。其 PCB 和实物照片分别如图 21.12（a）和（b）所示。

整个 LNA 由两级放大电路组成，每一级的放大倍数均为 400 倍。由于放大倍数非常高，必须对外部电磁干扰进行有效的屏蔽才能保证输出在线性区域。

将两极放大电路密封在铸铝的盒子内，信号线用 SMA 接头引出，电源线用穿心电容引出。LNA 的供电采用铅蓄电池，降低了电源引入的噪声。

铸铝外壳与放大电路大面积接地，从而大大降低了系统的热噪声。由于热噪声与信号频谱的平方根成正比，又称为 $\sqrt{\mathrm{Hz}}$ 噪声，因此对输入信号和输出信号有效地滤波能够大大降低热噪声。根据感应电动势信号的特点，其最高频率应该是超声激励的主频，是已知的。而最低频率与样品的形状和电导率分布有关，是未知的。因此在 LNA 的前后两极分别加了一个三阶 Butterworth 滤波器，其通带范围是 50k～5MHz，用于降低系统热噪声。

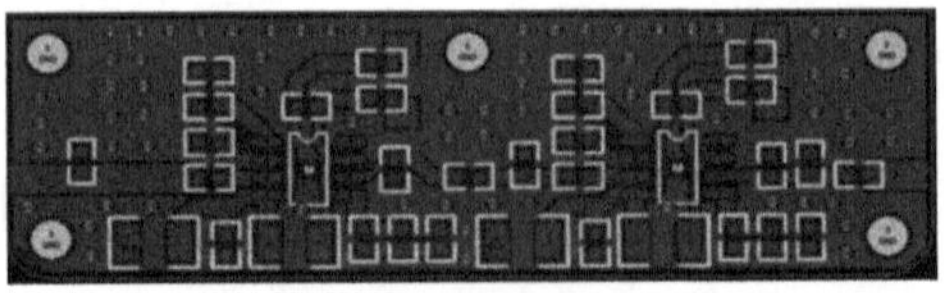

(a) LNA 的 PCB 图

(b) 除去上盖的 LNA 实物图

图 21.12　LNA 的 PCB 和实物图

在实际实验中，借鉴核磁共振前置 LNA 的布局（Cao et al.，2011），将 LNA 模块直接放置在屏蔽式旋转腔体内部，从而有效减小了微弱信号的引线长度，降低了外界电磁干扰。

21.4　激励系统与屏蔽腔

激励系统包括超声发射系统和磁体系统。

经过脉冲预放大电路放大得到的脉冲信号可以作为超声驱动信号源加载到超声激励系统中。超声激励系统是一个高压窄脉冲驱动电路，它能够将脉冲信号进行电压和功率的放大，得到最高 1000V 的超声驱动信号。高压窄脉冲驱动电路采用固态开关控制电容快速放电的结构，能够实现驱动超声换能器的功能。

在磁声电成像（MAET）实验中，需要高压窄脉冲加载到超声换能器上，激励超声信号。而在感应式磁声（MAT-MI）成像中，也需要一个高压窄脉冲加载到一个线圈上，实现脉冲磁场的激励。由此可见，这两个成像模式都需要一个高压窄脉冲电源，只是所驱动的负载特性不一样。

对于驱动超声换能器的场合，由于压电陶瓷超声换能器是容性的，可以通过阻抗的匹配将换能器与电感并联，变成一个纯阻性负载；而对于驱动线圈而言，也可以在线圈两端并联一个电容，变成一个纯阻性负载。因此，虽然负载特性不一样，但是通过阻抗的匹配，都可用同一种结构的驱动电路实现两种不同功能的激励。本节介绍的超声激励系统就是这么一个功率脉冲发生系统，通过不同负载的匹配，能够产生两种不同的激励：超声激励和脉冲磁场激励。因此脉冲功率发生系统既可以用于 MAET 实验中作为超声换能器的激励源，又可为 MAT-MI 实验提供脉冲磁场的激励源，是一个多功能的脉冲激励系统。

如果在 MAET 实验中采用 1MHz 的超声换能器激励声场，或者在 MAT-MI 实验中采用 1MHz 的超声探头检测超声信号，那么脉冲激励系统的主频就是 1MHz。对于单个脉冲来讲，需要在固态开关管的控制端加载一个 500ns 脉宽的方波脉冲。为了提高成像速度，自然希望脉冲功率发生系统具有较高的重复频率。又考虑到该功率脉冲系统的电压较高，因此在设计上采用了高压、高速 MOSFET 作为固态开关的设计方案。

MAET 实验中采用的超声换能器特征阻抗约为 10Ω 左右，当加入 1000V 峰值脉冲电压时，瞬态电流峰值可达 100A，最大瞬态功率可达 100kW。另一方面在 MAT-MI 中，通过实验发现，要在空间感应出最大 1250V/m 的涡旋电场，需要在一个 7cm 直径的单匝线圈中通入峰值电压 2.4kV、峰值电流 800A、脉冲宽度 500ns 的脉冲电流，最大瞬态功率可达 2 MW。

由此可见，MAET 实验和 MAT-MI 实验对功率脉冲源的功率要求相差很大。在本设计中，选用高压、高速 MOSFET 芯片作为固态开关，其最高耐压 1000V，最大瞬态电流可达 144A。因此对于 MAET 实验，只需要一路开关控制电路即可实现对一路超声换能器的驱动，而在 MAT-MI 实验中需要 30 多路这种驱动电路级联起来才能满足瞬态功率的要求（张良，2007）。

单路电容瞬态放电式功率脉冲电路如图 21.13 所示。

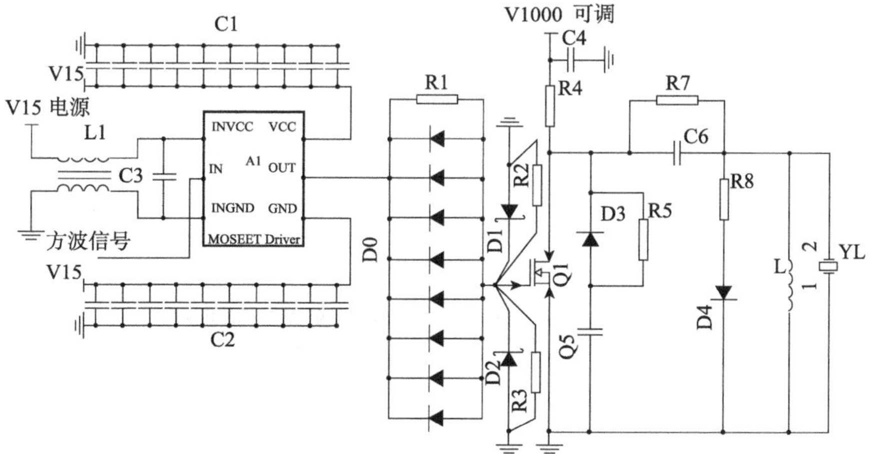

图 21.13 功率脉冲电路

功率脉冲电路的核心器件是 MOSFET 芯片 Q1，它与电容 C6 组成一个开关控制电容放电的脉冲产生电路。当 Q1 断开时，电阻 R7 非常大，近似认为是断路，所以直流高压电源 V1000 经过电阻 R4、R8 和二极管 D4 向电容 C6 充电，使电容 C6 上的电压基本达到电源电压。当然在接上匹配电感 L 后，电容的充电回路也有 L 这条支路的贡献。当触发脉冲到来后，Q1 导通，电容 C6 通过 Q1 向 L 与 YL 并联支路放电，在压电陶瓷超声换能器两端产生脉冲电压。D3、R5 和 C5 构成 RCD 吸收电路，能够吸收分布电感引起的反向尖峰电压。

Q1 的栅极驱动电路采用多个肖特基二极管与电阻并联的驱动方案，能够在一定程度上消除栅极振荡，提高场效应管的关断速度。为了减小输出回路高压对驱动回路的影响，在栅极增加了 D1、D2 两个 TVS 管，能够在反相电压过高时导通，保护前级的驱动芯片。由于驱动脉冲主频较高，达到 1MHz，对于容性的 MOSFET 栅极来讲，将有很大的瞬间电流流过。为了提高驱动电路的驱动能力，采用集成 MOSFET 驱动芯片 A1 作为前级驱动，并在 15V 的供电电源两端增加若干滤波电容，提高驱动电路的瞬态电流供给能力。

在实际实验中，加载到超声换能器上的脉冲宽度将根据超声换能器本身的频率特性而改变。我们在纯阻性 10Ω 负载的情况下测试了从 80 ns 到 2μS 的不同脉冲宽度，100V 到 900V 的不同脉冲幅度下的驱动电压波形。图 21.14 给出了在纯阻性 10Ω 负载的情况下，脉冲宽度最小 80ns，脉冲电压最高 900V 的极限情况下负载上实测的电压波形。

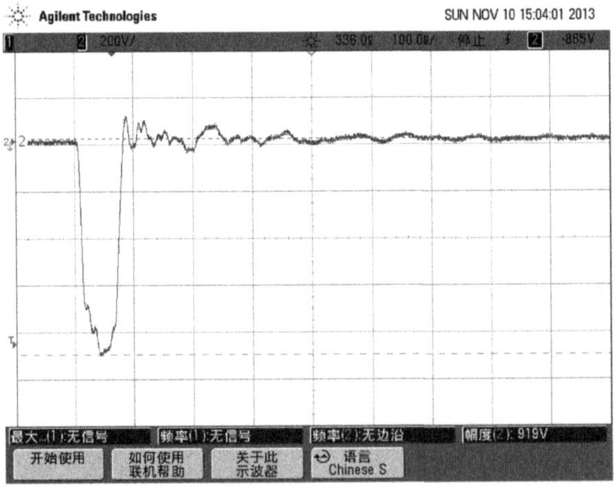

图 21.14　10Ω 负载上的 80ns 脉冲电压波形

MAT-MI 中激励线圈的功率脉冲源与 MAET 中激励超声的脉冲源在原理上是类似的（黄欣等，2013）。

将 32 路如图 21.13 所示的电路通过隔离脉冲变压器进行了串并联，提高了系统的瞬间输出功率。将 8 路进行并联，然后再将 4 个 8 路串联起来，能够实现高达 2.4 kV 的线圈驱动系统。制作的实物图如图 21.15（a）所示。如果用一个直径是 3 cm 的检测线圈放置在激励线圈的正中心，可测到检测线圈中感应的电压波形如图 21.15（b）所示，其中双极型脉冲的幅度均达到了 150V 以上。这个指标与 Bin He 课题组在 2010 年得到的结果是类似的（Hu et al.，2010）。

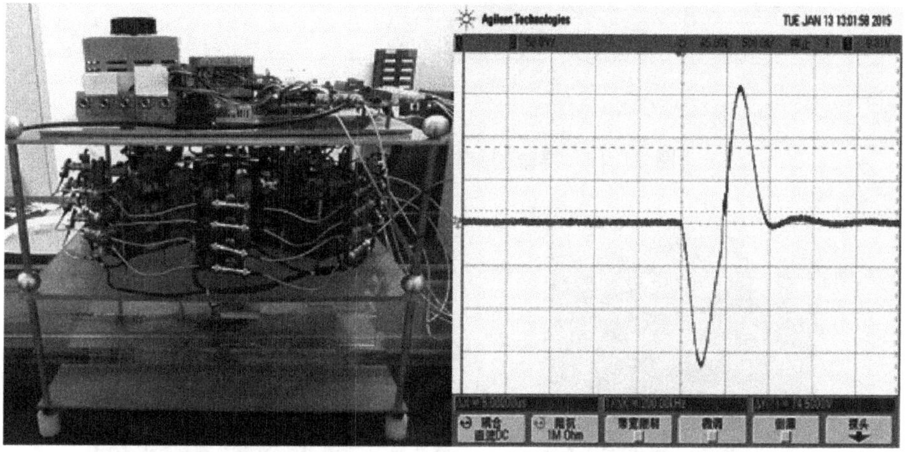

(a) 32 路串并联系统实物图　　(b) 线圈上测量的电压波形

图 21.15　实物图和感应电压（后附彩图）

实验屏蔽腔采用厚度为 1cm 的铝板焊接制成。在屏蔽腔上部有一个可拆卸的铝板作为屏蔽腔的盖子，方便在屏蔽腔中进行操作。LNA 模块和滤波器模块就固定在盖子的内侧。

屏蔽腔上、下两个面上分别固定一个圆柱形永磁体，该永磁体采用钕铁硼材料制成，剩磁可达 1.5T。两个磁体 N、S 极相对放置，使两个磁体中间区域产生近似均匀的单方向的磁场。利用高斯计测量两个磁体中间部位的磁感应强度约为 0.3T。

在两个磁体之间的空间中放置两个检测线圈，用于检测感应电动势信号，这两个线圈分别缠绕在两个塑料骨架上。在下侧线圈骨架的上面是由一个齿轮构成的托盘，它能通过齿轮与侧面的手动旋转手柄啮合，实现手动的旋转扫描。待测样品就放置在旋转齿轮托盘上面。在屏蔽腔外面的旋转手柄处安装一个旋转角度盘，用于精确定位旋转角度。屏蔽腔的结构示意图如图 21.16 所示。实验屏蔽腔的实物照片如图 21.17 所示。

超声换能器固定在屏蔽腔的一侧，用于向目标体发射超声波。为了防止超声波穿过线圈骨架引起检测线圈的振动，线圈骨架选用吸声材料制作。同时为了减

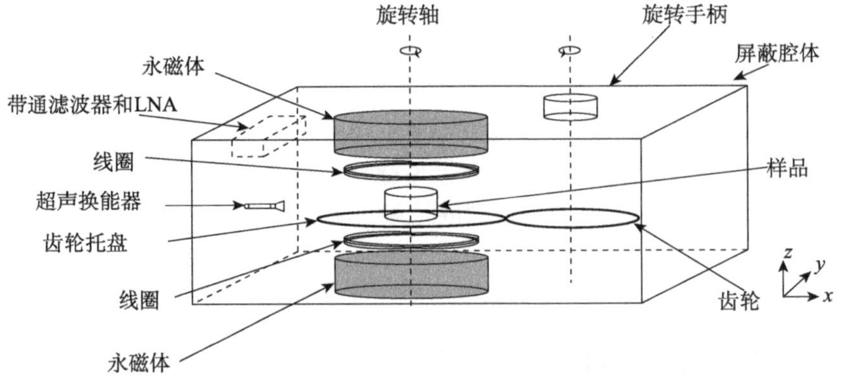

图 21.16　屏蔽腔结构示意图（后附彩图）

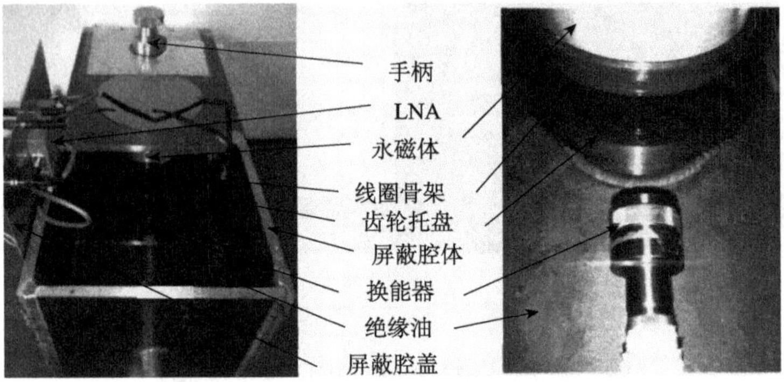

图 21.17　屏蔽腔实物图（后附彩图）

小超声换能器与线圈之间电信号的干扰，我们选择绝缘油作为声学耦合介质。

在感应式磁声电成像实验中，检测线圈距离目标体越近，测量的电信号就越大，然而如果距离太近，会使大量超声波传到线圈上，从而产生很强的干扰信号。综合考虑信号检测量级和干扰的影响，本实验中两个线圈之间的距离设定为 5 cm。

另外，线圈和永磁体之间的距离也是很重要的。如果线圈距离磁体太近，由于磁体是导电性很强的导体，它内部感应的涡流将削弱实际测量的信号。但是如果线圈距离磁体太远，必然导致内部空间的静磁场强度降低，削弱测量信号的大小。通过大量的实验验证，设定线圈距离磁体的平均距离约为 0.5cm。

虽然磁声成像对静磁场均匀性的要求远远低于核磁共振，但是尽量均匀的静磁场能够简化实验过程和重建算法，提高重建速度和精确度。因此有必要设计一个尽量均匀的静磁场产生系统。在实验中我们采用上、下两个直径

150mm 的圆柱形永磁体构成静磁场系统，两个永磁体上下间距约为 6 cm。通过有限元仿真软件用轴对称模型计算两个永磁体中间的静磁场强度，结果如图 21.18所示。

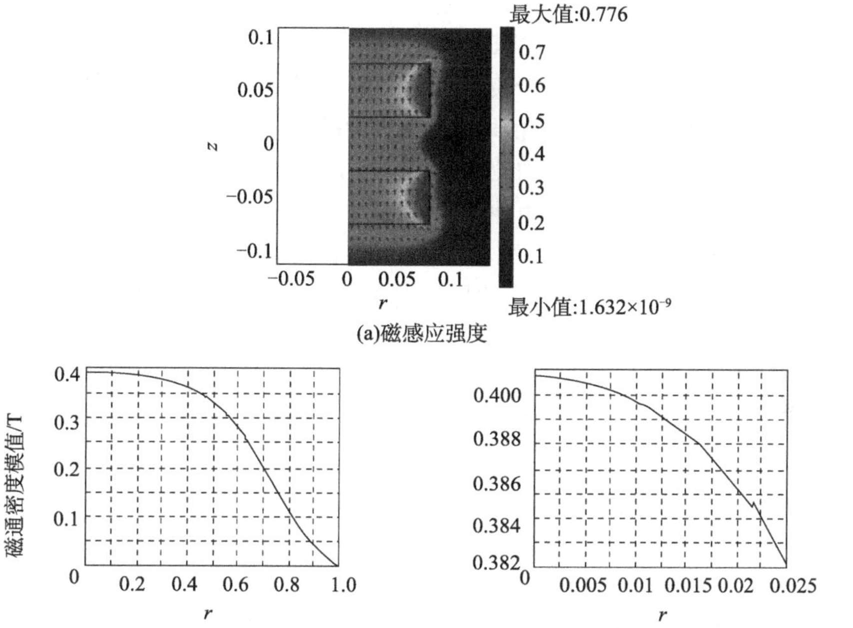

(a)磁感应强度
(b)中心处磁感应强度随r的变化
(c)中心直径5cm范围内磁感应强度随r的变化

图 21.18 永磁体磁场仿真结果（后附彩图）

图 21.18（a）所示为轴对称模型的子午面，横轴为半径 r 方向，纵轴为 z 方向，设定两个永磁体半径为 0.075 m，高度为 0.05m，剩磁为 1.5T。磁感应强度的大小用图 21.18（a）中的颜色标示，方向用箭头表示。在两个磁体中心处沿着半径 r 磁感应强度的变化规律如图 21.18（b）所示，取位于中心直径为 5 cm 的小区域，磁感应强度随半径 r 的变化如图 21.18（c）所示。从图中可以看出，在此小区域内，磁感应强度的均匀性较高，其变化小于 1.5%。由于被测样本在 z 方向上的厚度很小，在 z 方向上静磁场的不均匀性可以忽略不计。

21.5 实验研究

在上述研制的成像实验系统的基础上，进行了仿体旋转扫描实验和电导率成像验证。

成像用的仿体是用凝胶氯化钠溶液冷却凝固制成的。图 21.19（a）所示的凝胶仿体由内侧圆柱形凝胶仿体和外侧环柱形凝胶仿体组合而成。外侧的凝胶仿体是由 10％氯化钠溶液与凝胶粉混合加热再冷却后制成的，其直径为 3cm，内侧的仿体是由 30％氯化钠凝胶溶液制成的，直径为 1.5cm。为了区分内、外层仿体的不同，在内层仿体中加了 5％的石墨粉（8000 目）。利用上海精科生产的电导率仪分别测量的内、外层仿体的电导率分别为 47.7 S/m 和 29.6 S/m。

将此仿体置于齿轮托盘上，以 5°为一步旋转托盘。在每步旋转后静置两秒钟，然后向仿体发射超声波。每个旋转角度下，超声波共发射 1024 次，每次采集 1024 个点。将多次超声激励的值取平均，获得最终的 1024 个数据用于后续的成像。待成像仿体和超声耦合液均放在旋转扫描屏蔽腔内。实验用的超声耦合液是绝缘油，经测试其在室温下的声速为 1440m/s。

从图 21.19（a）所示仿体左侧激励超声波，平均后的感应电动势信号如图 21.19（c）所示。利用前面所述的压缩感知方法重建电流密度旋度，并用最小二乘法重建电导率，重建结果如图 21.19（b）所示。图 21.19（d）显示了在 $y=0.5$ cm 的截面处重建电导率与实际电导率的对比。其中虚线所示为实际电导率曲线，它是根据实测的电导率值与仿体实物尺寸直接画出的。

图 21.20（a）所示的凝胶仿体由内侧三角柱形凝胶仿体和外侧凝胶仿体组合而成。内侧的凝胶仿体是由 18％氯化钠溶液与凝胶粉混合加热再冷却后制成的，外侧是无氯化钠的凝胶溶液制成的，直径为 7 cm。同样在内层仿体中加了 5％的石墨粉（8000 目），测得内层电导率为 16.1 S/m。

用同样的旋转方式和成像方法进行电导率成像，图 21.20（b）显示了电导率的重建结果。

从获取的感应电动势信号可以看出，一周扫描 72 个角度，每个扫描角度平均 1024 次，可以获得较高信噪比的感应电动势信号。该信号主要是由交界面处电导率的变化引起的，在均匀电导率内部仍然很难测到信号。利用电导率交界面处产生的信号，通过我们提出的方法可以重建出内部电导率的分布。

实验和成像结果说明，该实验系统基本能够完成感应式磁声电成像的验证性实验。当被测仿体电导率较大时，感应电动势信号信噪比较好，重建结果比较理想。当被测仿体电导率较小时，信噪比恶化，导致成像结果较差。

从实验和重建时间上看，由于实验过程的平均次数较多，所以导致整个实验过程时间消耗较大。完成一周的扫描和数据采集的时间取决于系统的采样平均次数和操作者的熟练程度，通常需要 20min 左右。在当前数据量的情况下，利用前面所述的迭代重建算法对数据进行处理和电导率重建所花费的计算时间约为 5min。

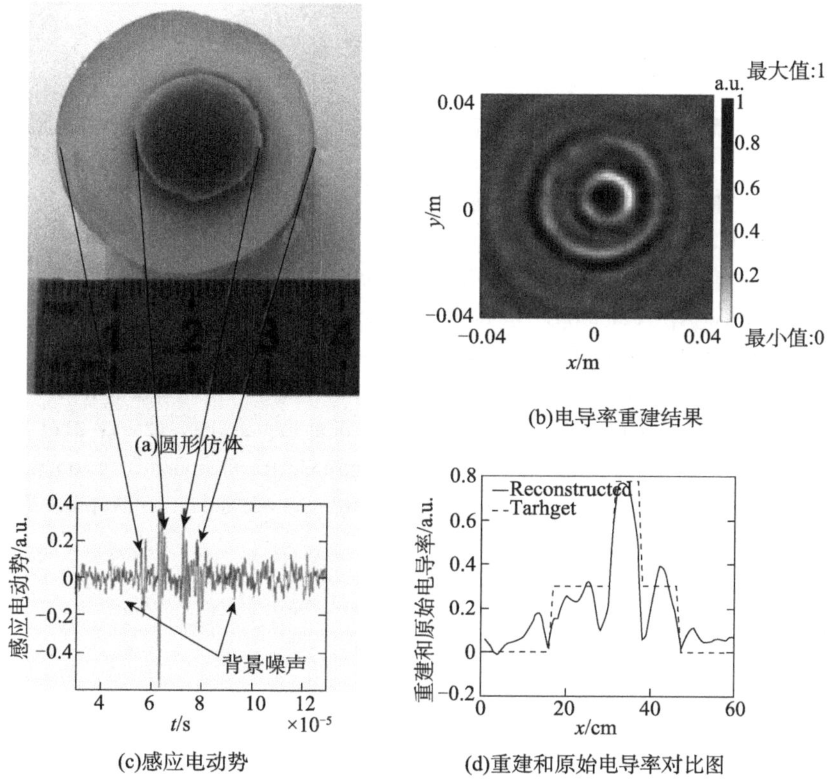

图 21.19 圆形仿体实验结果（后附彩图）

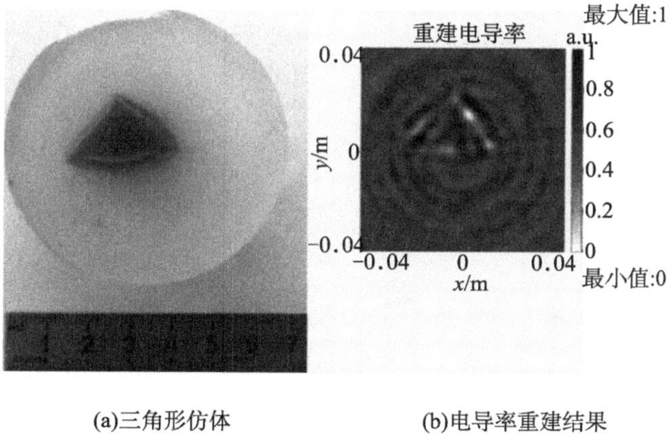

图 21.20 三角形仿体实验结果（后附彩图）

参考文献

黄欣，刘国强，夏慧，等 . 2013. 感应式磁声成像的脉冲磁场研究 . 电工技术学报，28(2)：67-73.

王昕，王宗欣，袁晓军 . 2000. 圆形螺旋线圈自感和分布电容的计算 . 固体电子学研究与进展，20(4)：424-433.

张良 . 2007. 高重复频率 MOSFET 脉冲调制技术研究 . 四川：中国工程物理研究院 .

Cao X，Zu D，Zhao X，et al. 2011. The design of a low-noise preamplifier for MRI. Science China Technological Sciences，54(7)：1766-1770.

Guo L，Liu G，Xia H. 2015. Magneto-acousto-electrical tomography with magnetic induction for conductivity reconstruction. IEEE Transactions on Biomedical Engineering，62(9)：2114-2124.

Hu G，Li X，He B. 2010. Imaging biological tissues with electrical conductivity contrast below 1 S m by means of magnetoacoustic tomography with magnetic induction. Applied physics letters，97(10)：103706-103701-103703.

第七篇　磁声成像技术的再认识

第 22 章　声场-电磁场通用耦合模型

电磁场和声场（振动）耦合检测技术涉及不同的应用领域，包括医学领域的超声检测式磁声成像、电磁检测式磁声成像；无损检测领域目前正在发展的电磁超声技术等。这些技术的共性特点是都包括静磁场源，都产生洛伦兹力，洛伦兹力产生振动速度。不同的是，除了静磁场源外，要么还需要交变电流源，要么还需要力源。本章将对上述检测方法的核心要素进行归纳，建立用于耦合分析的通用数学物理模型，接下来给出低电导率介质下的简化模型，最后分析该情况下次生效应的影响。

22.1　声场-电磁场耦合数学物理模型

考虑电导率为 σ 的目标体外部有三种激励源：静磁场 $\boldsymbol{B}_0$、力源 $\boldsymbol{f}_0$（或声源）和交变电流源 $\boldsymbol{J}_s$。

交变电流 $\boldsymbol{J}_s$ 在目标体中产生涡旋电场、涡流和交变磁场，力源 $\boldsymbol{f}_0$ 在目标体中产生振动，振动与磁场共同作用于目标体产生等效电流源，等效电流源在目标体中激发电场、电流和交变磁场。总电流和总磁场相互作用产生洛伦兹力 $\boldsymbol{f}_1$，洛伦兹力和力源一样会引起振动。

假定满足磁准静态近似，即忽略位移电流，则目标体中的耦合方程为

$$
\begin{cases}
(\lambda+2\mu)\nabla^2\boldsymbol{v}+(\lambda+\mu)\nabla\times\nabla\times\boldsymbol{v}-\rho_0\dfrac{\partial^2\boldsymbol{v}}{\partial t^2}=-\dfrac{\partial\boldsymbol{f}_T}{\partial t} & (22.1\text{a})\\
\nabla\nabla\cdot\boldsymbol{v}-\dfrac{1}{c_s^2}\dfrac{\partial^2\boldsymbol{v}}{\partial t^2}=-\dfrac{1}{\rho_0c_s^2}\dfrac{\partial\boldsymbol{f}_T}{\partial t} & (22.1\text{b})\\
\boldsymbol{B}_T=\boldsymbol{B}_0+\boldsymbol{B} & (22.1\text{c})\\
\boldsymbol{J}_T=\sigma\boldsymbol{v}\times\boldsymbol{B}_T+\sigma\boldsymbol{E} & (22.1\text{d})\\
\boldsymbol{f}_T=\boldsymbol{f}_0+\boldsymbol{J}_T\times\boldsymbol{B}_T & (22.1\text{e})\\
\nabla\times\boldsymbol{E}=-\dfrac{\partial\boldsymbol{B}}{\partial t} & (22.1\text{f})\\
\nabla\times\boldsymbol{H}=\boldsymbol{J}_T & (22.1\text{g})\\
\nabla\cdot\boldsymbol{J}_T=0 & (22.1\text{h})
\end{cases}
$$

其中，$\boldsymbol{E}$ 为电场强度，$\boldsymbol{H}$ 为交变磁场强度，$\boldsymbol{B}$ 为交变磁通密度，$\boldsymbol{J}_T$ 为总电流密度，$\boldsymbol{B}_T$ 为总磁通密度，$\boldsymbol{f}_T$ 为总体积外力，$\boldsymbol{v}$ 为振动速度，λ 和 μ 为拉梅系数，ρ_0 为质量密度，c_s 为流体中的声波传播速度。

式（22.1a）和（22.1b）分别是固体弹性波方程和流体中的声波方程，式（22.1b)可以参见 5.2.2 节中的式（5.39)。

式（22.1f）～（22.1h）是电磁场方程。需要注意，目标体内的电磁场方程还需和目标体外的交变电流源 $\boldsymbol{J}_s$ 满足的电磁场方程联立，且给定初边值条件，才能进行求解。如果研究对象是低电导率介质，可以采用电标位将电磁场方程简化为标量方程。

对于目标体，按照流固不同、电导率高低，主要有以下四种组合模型：低电导率流体模型、低电导率固体弹性模型、高电导率流体模型、高电导率固体弹性模型。其中，油水两相流应用，可以用低电导率流体模型描述，生物医学应用也可以采用低电导率流体模型近似来描述，金属材料的无损检测，可以采用高电导率固体弹性模型描述。而高电导率流体模型似乎在检测领域还没有明确的检测对象，限于作者的知识背景，本书不予以关注。

实际上，静磁场 $\boldsymbol{B}_0$ 是必需的，力源 $\boldsymbol{f}_0$（或声源）和交变电流源 $\boldsymbol{J}_s$ 是可选的。只要选择其中的任一种，若采用医学电磁-超声耦合成像的语言来描述，可以说在目标体内部产生了磁致声振动和磁声致电两种效应。若采用交变电流源激励高电导率介质，对应的正是目前的电磁超声无损检测。若采用力源激励高电导率介质，也可以发展出一种新型的电磁超声无损检测。

若采用交变电流源激励低电导率介质，可以认为两种效应中的磁致声振动效应是主要的，忽略了其中的磁声致电效应，这正是本书上册描述的超声检测式磁声成像。若采用力源激励低电导率介质，可以认为磁声致电效应是主要的，忽略了其中的磁致声振动效应，这正是本书下册描述的电磁检测式磁声成像。至于为何只需考虑其中一种效应，将在 22.3 节中详细论述。

22.2　低电导率介质的简化模型

对于超声检测式磁声成像，模型方程（22.1）中需要去除力源 $\boldsymbol{f}_0$ 。相对于静磁场 $\boldsymbol{B}_0$ ，由于交变磁通密度 $\boldsymbol{B}$ 的模值相对小，可以将它忽略。因为无需考虑磁声致电效应，由振动速度 $\boldsymbol{v}$ 引起的那部分电流可以忽略。则超声检测式磁声成像的耦合方程简化为

$$
\begin{cases}
(\lambda+2\mu)\nabla^2 \boldsymbol{v}+(\lambda+\mu)\nabla\times\nabla\times\boldsymbol{v}-\rho_0\dfrac{\partial^2\boldsymbol{v}}{\partial t^2}=-\dfrac{\partial \boldsymbol{f}_T}{\partial t} & (22.2\text{a})\\
\nabla\nabla\cdot\boldsymbol{v}-\dfrac{1}{c_s^2}\dfrac{\partial^2\boldsymbol{v}}{\partial t^2}=-\dfrac{1}{\rho_0 c_s^2}\dfrac{\partial \boldsymbol{f}_T}{\partial t} & (22.2\text{b})\\
\boldsymbol{B}_T\approx\boldsymbol{B}_0 & (22.2\text{c})\\
\boldsymbol{J}_T\simeq\sigma\boldsymbol{E} & (22.2\text{d})\\
\boldsymbol{f}_T\approx\boldsymbol{J}_T\times\boldsymbol{B}_T & (22.2\text{e})\\
\nabla\times\boldsymbol{E}=-\dfrac{\partial\boldsymbol{B}}{\partial t} & (22.2\text{f})\\
\nabla\times\boldsymbol{H}=\boldsymbol{J}_T & (22.2\text{g})\\
\nabla\cdot\boldsymbol{J}_T=0 & (22.2\text{h})
\end{cases}
$$

对于电磁检测式磁声成像，不需要考虑交变电流源 $\boldsymbol{J}_s$ 。相对于静磁场 $\boldsymbol{B}_0$ ，由于交变磁通密度 $\boldsymbol{B}$ 的模值相对小，可以将它忽略。因为无需考虑磁致声振动效应，体积外力中的洛伦兹力可以忽略。

电磁检测式磁声成像的耦合方程简化为

$$
\begin{cases}
(\lambda+2\mu)\nabla^2 \boldsymbol{v}+(\lambda+\mu)\nabla\times\nabla\times\boldsymbol{v}-\rho_0\dfrac{\partial^2\boldsymbol{v}}{\partial t^2}=-\dfrac{\partial \boldsymbol{f}_T}{\partial t} & (22.3\text{a})\\
\nabla\nabla\cdot\boldsymbol{v}-\dfrac{1}{c_s^2}\dfrac{\partial^2\boldsymbol{v}}{\partial t^2}=-\dfrac{1}{\rho_0 c_s^2}\dfrac{\partial \boldsymbol{f}_T}{\partial t} & (22.3\text{b})\\
\boldsymbol{B}_T\approx\boldsymbol{B}_0 & (22.3\text{c})\\
\boldsymbol{J}_T=\sigma\boldsymbol{v}\times\boldsymbol{B}_T+\sigma\boldsymbol{E} & (22.3\text{d})\\
\boldsymbol{f}_T\approx\boldsymbol{f}_0 & (22.3\text{e})\\
\nabla\times\boldsymbol{E}=-\dfrac{\partial\boldsymbol{B}}{\partial t} & (22.3\text{f})\\
\nabla\times\boldsymbol{H}=\boldsymbol{J}_T & (22.3\text{g})\\
\nabla\cdot\boldsymbol{J}_T=0 & (22.3\text{h})
\end{cases}
$$

对于低电导率介质，无论是超声检测式磁声成像，还是电磁检测式磁声成像，它们涉及的电磁场方程可以大大简化，只需电标位就可以将矢量方程简化为标量方程。

22.3 低电导率次生效应影响分析

对于超声检测式磁声成像，脉冲磁场在目标体产生的感应电流和静磁场相互作用，产生洛伦兹力导致目标体中产生声场，声场和静磁场相互作用，又会产生等效电流源，在目标体中产生次生电流密度。这就意味着超声检测式磁声成像过程中含有磁声致电次生效应。

对于电磁检测式磁声成像，声场和静磁场相互作用，在目标体内产生等效电流源，引起目标体的电流密度分布，电流与静磁场相互作用引起洛伦兹力，使目标体振动产生声场，即 EDM-MAT 过程中含有磁致声振动次生效应。

现有的 UDM-MAT 研究工作没有考虑磁声致电次生效应的影响；同样，现有的 EDM-MAT 成像研究工作也没有考虑磁致声振动次生效应的影响。在 22.1 节我们提到，对于低电导率介质，无论是超声检测式磁声成像还是电磁检测式磁声成像，只需考虑其中的主效应，无需考虑次生效应。这样处理是否合适，可以假定流体模型采用声压波动方程（郭亮，2015）或振动速度方程（Sun et al.，2015）分析次生效应的影响。

本节将从式（22.1）出发，针对固体弹性模型和流体模型给出一般性的分析过程。

22.3.1 超声检测式磁声成像中的次生效应

超声检测式磁声成像如图 12.1 所示，目标体放置在静磁场 $\boldsymbol{B}_0$ 中，目标体外含有交变电流源 $\boldsymbol{J}_s$。

目标体中的磁场包括静磁场和交变磁场两部分。静磁场强度远大于交变磁场强度，在计算洛伦兹力时，磁感应强度只取静磁场部分（详见 2.3 节），假定静磁场只有 z 方向分量。同时，为简化分析，考虑二维模型，即电流密度和振动速度只有 x 和 y 方向分量。

式（22.1）简化为

$$\begin{cases}(\lambda+2\mu)\nabla^2\boldsymbol{v}+(\lambda+\mu)\nabla\times\nabla\times\boldsymbol{v}-\rho_0\dfrac{\partial^2\boldsymbol{v}}{\partial t^2}=-\dfrac{\partial\boldsymbol{f}_T}{\partial t} & (22.4\text{a})\\ \nabla\nabla\cdot\boldsymbol{v}-\dfrac{1}{c_s^2}\dfrac{\partial^2\boldsymbol{v}}{\partial t^2}=-\dfrac{1}{\rho_0c_s^2}\dfrac{\partial\boldsymbol{f}_T}{\partial t} & (22.4\text{b})\\ \boldsymbol{B}_T\approx\boldsymbol{B}_0 & (22.4\text{c})\\ \boldsymbol{J}_T=\sigma\boldsymbol{v}\times\boldsymbol{B}_T+\sigma\boldsymbol{E} & (22.4\text{d})\\ \boldsymbol{f}_T=\boldsymbol{J}_T\times\boldsymbol{B}_T & (22.4\text{e})\end{cases}$$

注意，式中移去了电磁场方程。

将式（22.4c）和（22.4d）代入式（22.4e），有

$$\boldsymbol{f}_T\approx\sigma\boldsymbol{v}\times\boldsymbol{B}_0\times\boldsymbol{B}_0+\sigma\boldsymbol{E}\times\boldsymbol{B}_0=-B_0^2\sigma\boldsymbol{v}+\sigma\boldsymbol{E}\times\boldsymbol{B}_0 \tag{22.5}$$

将式（22.5）代入式（22.4a）和（22.4b），有

$$\begin{cases}(\lambda+2\mu)\nabla^2\boldsymbol{v}+(\lambda+\mu)\nabla\times\nabla\times\boldsymbol{v}-\rho_0\dfrac{\partial^2\boldsymbol{v}}{\partial t^2}-B_0^2\sigma\dfrac{\partial\boldsymbol{v}}{\partial t}=-\dfrac{\partial(\sigma\boldsymbol{E}\times\boldsymbol{B}_0)}{\partial t}\\ \nabla\nabla\cdot\boldsymbol{v}-\dfrac{1}{c_s^2}\dfrac{\partial^2\boldsymbol{v}}{\partial t^2}-\dfrac{B_0^2\sigma}{\rho_0c_s^2}\dfrac{\partial\boldsymbol{v}}{\partial t}=-\dfrac{1}{\rho_0c_s^2}\dfrac{\partial(\sigma\boldsymbol{E}\times\boldsymbol{B}_0)}{\partial t}\end{cases} \tag{22.6}$$

若不考虑磁声致电次生效应，只需除去式（22.6）中的振动速度 $\boldsymbol{v}$ 对时间的一阶导数项。在波动方程中，对时间的一阶导数项对应阻尼作用。由此可知成像过程中的次生效应相当于对振动速度传播产生的阻尼作用。

22.3.2 电磁检测式磁声成像中的次生效应

电磁检测式磁声成像如图 12.2 所示，在磁声电成像过程中，目标体放置于静磁场 $\boldsymbol{B}_0$ 中，有力源 $\boldsymbol{f}_0$（或声源）在目标体外。

同样的理由，将 $\boldsymbol{B}_T$ 近似为 $\boldsymbol{B}_0$，在总电流 $\boldsymbol{J}_T$ 中只考虑等效电流源 $\sigma\boldsymbol{v}\times\boldsymbol{B}_T$，忽略电流场 $\sigma\boldsymbol{E}$。

式（22.1）简化为

$$\begin{cases}(\lambda+2\mu)\nabla^2\boldsymbol{v}+(\lambda+\mu)\nabla\times\nabla\times\boldsymbol{v}-\rho_0\dfrac{\partial^2\boldsymbol{v}}{\partial t^2}=-\dfrac{\partial\boldsymbol{f}_T}{\partial t} & \text{(22.7a)}\\ \nabla\nabla\cdot\boldsymbol{v}-\dfrac{1}{c_s^2}\dfrac{\partial^2\boldsymbol{v}}{\partial t^2}=-\dfrac{1}{\rho_0c_s^2}\dfrac{\partial\boldsymbol{f}_T}{\partial t} & \text{(22.7b)}\\ \boldsymbol{B}_T\approx\boldsymbol{B}_0 & \text{(22.7c)}\\ \boldsymbol{J}_T=\sigma\boldsymbol{v}\times\boldsymbol{B}_T & \text{(22.7d)}\\ \boldsymbol{f}_T=\boldsymbol{f}_0+\boldsymbol{J}_T\times\boldsymbol{B}_T & \text{(22.7e)}\end{cases}$$

将式（22.7c）和（22.7d）代入式（22.7e），有

$$\boldsymbol{f}_T\approx\boldsymbol{f}_0+\sigma\boldsymbol{v}\times\boldsymbol{B}_0\times\boldsymbol{B}_0=-B_0^2\sigma\boldsymbol{v}+\boldsymbol{f}_0 \tag{22.8}$$

将式（22.8）代入式（22.7a）和（22.7b），有

$$\begin{cases}(\lambda+2\mu)\nabla^2\boldsymbol{v}+(\lambda+\mu)\nabla\times\nabla\times\boldsymbol{v}-\rho_0\dfrac{\partial^2\boldsymbol{v}}{\partial t^2}-B_0^2\sigma\dfrac{\partial\boldsymbol{v}}{\partial t}=-\dfrac{\partial\boldsymbol{f}_0}{\partial t}\\ \nabla\nabla\cdot\boldsymbol{v}-\dfrac{1}{c_s^2}\dfrac{\partial^2\boldsymbol{v}}{\partial t^2}-\dfrac{B_0^2\sigma}{\rho_0c_s^2}\dfrac{\partial\boldsymbol{v}}{\partial t}=-\dfrac{1}{\rho_0c_s^2}\dfrac{\partial\boldsymbol{f}_0}{\partial t}\end{cases} \tag{22.9}$$

若不考虑磁致声振动次生效应，只需除去式（22.9）中的振动速度 $\boldsymbol{v}$ 对时间的一阶导数项。与上一节类似，可知成像过程中的次生效应相当于对振动速度传播产生的阻尼作用。

22.3.3 阻尼作用对振动速度的影响

为便于分析阻尼作用对振动速度的影响，这里分析振动速度波动方程

式（22.6）与式（22.9）对应的齐次波动方程

$$\begin{cases}(\lambda+2\mu)\nabla^2\boldsymbol{v}+(\lambda+\mu)\nabla\times\nabla\times\boldsymbol{v}-\rho_0\dfrac{\partial^2\boldsymbol{v}}{\partial t^2}-B_0^2\sigma\dfrac{\partial\boldsymbol{v}}{\partial t}=0\\ \nabla\nabla\cdot\boldsymbol{v}-\dfrac{1}{c_s^2}\dfrac{\partial^2\boldsymbol{v}}{\partial t^2}-\dfrac{B_0^2\sigma}{\rho_0c_s^2}\dfrac{\partial\boldsymbol{v}}{\partial t}=0\end{cases}\tag{22.10}$$

对式（22.10）作关于时间的傅里叶变换，可得

$$\begin{cases}(\lambda+2\mu)\nabla^2\tilde{\boldsymbol{v}}(\omega)+(\lambda+\mu)\nabla\times\nabla\times\tilde{\boldsymbol{v}}(\omega)+k^2\tilde{\boldsymbol{v}}(\omega)=0\\ \nabla\nabla\cdot\tilde{\boldsymbol{v}}(\omega)+k^2\tilde{\boldsymbol{v}}(\omega)=0\end{cases}\tag{22.11}$$

式中，$\tilde{\boldsymbol{v}}(\omega)$ 为 $\boldsymbol{v}$ 的傅里叶变换。其中

$$\begin{cases}k^2=\omega^2\rho_0-\mathrm{i}\omega B_0^2\sigma\\ k^2=\dfrac{\omega^2}{c_s^2}-\mathrm{i}\omega\dfrac{B_0{}^2\sigma}{\rho_0c_s^2}\end{cases}\tag{22.12}$$

式中，实部为波数平方 k^2 无阻尼作用时的值。

由式（22.12）可以看出，当出现阻尼作用时，波数平方 k^2 变成复数形式。考虑式（22.12）右端第二项和第一项模值的比值，记为

$$R=\frac{B_0^2\sigma}{\rho_0\omega}\tag{22.13}$$

式（22.13）表明，无论是固体弹性方程还是流体方程，阻尼作用所占比值是相同的。

下面只针对流体方程进行分析，引入传播常数 γ，有

$$\gamma=\mathrm{i}k=\mathrm{i}\sqrt{\frac{\omega^2}{c_s^2}-\mathrm{i}\omega\frac{B_0^2\sigma}{\rho_0c_s^2}}\tag{22.14}$$

设传播常数复数形式为

$$\gamma=\alpha+\mathrm{i}\beta\tag{22.15}$$

式中，α 和 β 分别称为衰减常数和相位常数。

联合式（22.14）和（22.15），有

$$k=\frac{\omega}{c_s}\sqrt{1-\mathrm{i}R}\tag{22.16a}$$

$$\alpha=\frac{\omega}{c_s}\left[\frac{1}{2}(\sqrt{1+R^2}-1)\right]^{\frac{1}{2}}\tag{22.16b}$$

$$\beta=\frac{\omega}{c_s}\left[\frac{1}{2}(\sqrt{1+R^2}+1)\right]^{\frac{1}{2}}\tag{22.16c}$$

阻尼作用可以用衰减常数 α 和相位常数 β 来衡量，其中衰减常数用于表征在

阻尼作用下声波幅度被削弱的情况，而相位常数用于表征阻尼作用对声波相位的影响。

当满足 $R \ll 1$ 时，衰减常数和相位常数可化为

$$\alpha \approx 0$$
$$\beta = \frac{\omega}{c_s} \tag{22.17}$$

则阻尼作用可以忽略。

根据式（22.16b）、（22.16c）可对阻尼作用进行定量分析。

利用式（22.13），代入油水两相流或生物组织等实际物理模型参数进行对比，取电导率为 $\sigma = 4\text{S/m}$，磁通密度 $B_0 = 0.5\text{T}$，质量密度 $\rho_0 = 1500\text{kg/m}^3$，即便频率 f 低到只有 1Hz，R 比值约为 0.01%。这说明，对于生物组织和油水两相流，无论是超声检测式磁声成像，还是电磁检测式磁声成像，阻尼作用可以忽略不计，可以不考虑次生过程。

参 考 文 献

郭亮．2015．基于磁声电效应的电导率成像方法研究．北京：中国科学院电工研究所．

Sun Z S，Liu G Q，Xia H，etal. 2015. Analysis of the effect of the secondary procedure in magneto-acoustic tomography and magneto-acousto-electrical tomography. The 5th International Conference on Biomedical Engineering and Biotechnology.

第 23 章　问题与展望

磁声成像涉及声场和电磁场与介质的共同作用，吸引了声学、电磁学、生物医学等领域研究者的关注，拓展了越来越大的研究空间。尽管目前已经解决了很多问题，但现在看来遇到的问题比解决的问题还多。在本书最后一章，我们对低电导率磁声成像研究过程中遇到的共性问题进行总结，对未来超声检测式磁声成像中被忽视的热问题予以说明，对电磁检测式磁声成像未来的发展方向给出了展望。

23.1　磁声成像共性问题

23.1.1　低电导率磁声成像的共性问题

无论超声检测式还是电磁检测式的磁声成像方法，都具备高分辨率的优点，在生物医学成像、多相流层析成像等领域具有很好的应用前景。目前研究在国内外都还处于起步阶段，由于多物理场耦合理论及其实验系统的复杂性，磁声成像方法目前还不能应用于实际的医学成像和工业过程层析成像当中，还有许多路要走，存在的共性问题如下。

1. 电导率成像算法的效率有待进一步提高

虽然通过拟牛顿方法或阻尼最小二乘方法能够迭代重建电导率，但是当成像区域较大、像素点较多时，这种迭代类的成像算法将消耗大量的时间，占用巨大的存储容量。这给该方法的实际应用带来很大的困难，因此有必要探索更加高效的快速电导率成像算法。

2. 成像精度有待进一步提高

目前逆问题中使用的时间反演法、压缩感知法以及各种迭代重建算法，都是近似的重建算法，在测量信号含有误差的情况下，往往使重建结果产生较大的偏差。因此有必要探索更为准确的、对噪声更不敏感的逆问题重建算法，使重建图像的精度得到进一步提高。

3. 建立更贴合实际的计算模型

当前磁声成像的国内外研究大都采用线性、均匀声学介质的模型。然而实际的被测对象往往具有不同的密度和声速，是非均匀，甚至是非线性的声学介质。超声频率在 MHz 量级时人体组织或者多相流体中的声速差异最大可达 10%。这些声学介质的非均匀性和非线性往往会给重建结果带来较大误差，导致重建图像模糊或目标错位。因此在后续的研究中可充分利用超声成像的先验信息，借鉴超声成像结果对介质的不均匀性和非线性进行修正，研究在非均匀、非线性声学介质中磁声成像的新方法，从而扩大该方法的应用范围。当前，人体组织或者油水两相流中的声场采用的是流体模型，未来可以考虑黏弹性模型。

4. 研制适应性更强的实验系统

在目前实验室的条件下，虽然静磁场和脉冲磁场能够在凝胶制成的电导率仿体中产生出可测的磁声信号，静磁场和超声能够在凝胶制成的电导率仿体中产生出可测的磁声电信号，但是其量级仍然很小，信噪比仍然很低。如果目标体的电导率进一步降低，成像质量将会变得较差，甚至很难分清目标体的形状。另外由于电导率梯度在边界处非常大，内部非常小，因此为了获取目标体内部电导率产生的磁声信号或磁声电信号，仍然需要在满足安全要求的前提下加大激励信号的量级。

23.1.2 超声检测式磁声成像中的热效应

对于超声检测式磁声成像，交变磁场和静磁场共同作用于目标体产生的洛伦兹力，是产生超声振动的主要动因。在 2.3 节，我们知道，静磁场不是必需的，这是因为只要有交变磁场，它就会在目标体内产生感应电流，从而产生洛伦兹力，产生超声振动（Zhang et al.，2010）。2013 年新加坡南洋理工大学的 Feng 等提出的磁热声成像方法，认为只要对目标体施加频率为 MHz 的交变磁场，在目标体内部产生感应电流，进而产生焦耳热，则可激发热弹性的超声信号。显然，当对目标体施加交变磁场时，实际上既发生了磁致声效应，也发生了磁热致声效应。从事磁声成像和磁热声成像的学者都只看到了事物的一个方面，也就是说，前者只关注了产生声波的是洛伦兹力声源，而后者则只关注了电磁热声源。作为一种新型的多物理场成像方法，2013 年 Feng 利用金属铜仿体，认为检测到了磁热声信号，并得到了铜仿体的热声图像。实际上，接收的声波信息似乎同时包含两种不同的声源的作用。我们认为需要考虑如下几个问题：

（1）是否能够从激励方式上，只激发一种效应，确切地说，让一种效应是主要的，另一种效应可以忽略。

（2）如果两种效应同时存在，如何由测量到的声波重建电导率图像。

（3）若能够只激发磁热声效应，如何从热函数 $\sigma E(\sigma)^2$ 中重建电导率。

23.2 展 望

磁声成像技术的研究刚刚起步，有极大的探索和创新空间，许多新原理的方法都有待尝试。

23.2.1 新原理的电磁检测式磁声成像方法

对于电磁检测式磁声成像，为了在待测目标体内激发电流，需要在目标体内激发随时间变化的振动速度和静磁场。经过上面分析可知，电磁检测式磁声成像需要具备的基本条件为：①声场激励系统（力源产生振动速度）；②磁场产生装置（产生磁场）；③电磁信号检测系统（测量电压或感应电动势）；④图像重建系统（重建电导率）。

值得注意的是，电磁检测式磁声成像最原始的定义指的是采用超声波和静磁场激励产生电信号的过程。实际上，这个概念是可以推广的，这里的声波不一定必须是超声波，只要是机械振动都可以。产生质点振动的方式很多，包括超声激励、低频振动声激励和超声辐射力激励等。在目标体外部通过低频（20～1000Hz）振动源产生一个低频波，使被测目标体产生一个微小的可逆的机械形变。通过超声换能器在被测目标体的给定深度聚焦，在聚焦位置有了力的作用和附带的热效应，这个力就是聚焦超声所产生的声辐射力，目标体内部在声辐射力的激励下会产生一个剪切波的传播并造成目标体的微小形变。可以通过调制声波能量密度来获得想要的振动方式。就此意义而言，这种成像方法本质上可看成“广义发电机”。当然，与之相对应的超声检测式磁声成像，也可以扩展为“振动检测式磁声成像”，这种成像方法本质上可看成“广义电动机”。

理论上讲，电磁检测的方式也很多。既可以通过贴放在目标体上的电极检测电压，也可以通过目标体外的线圈检测感应电动势，也可以利用霍尔探头检测交变磁场。采用测量电极的电压检测式磁声成像，已经建立了互易场积分方程和电压类波动方程，采用接收线圈的磁探测式磁声成像，也已经建立了互易场积分方程和感应电动势类波动。如果采用霍尔探头测量磁场，与线圈检测相比，是否可以测量更弱的信号，对应的互易场积分方程应该具有什么形式，都值得探索。

23.2.2 高电导率介质的电磁超声技术

前面已经提到，无损检测领域的电磁超声，既包括线圈激励的交变电流源，又包含静磁场，实际上在目标体中产生了磁致声和磁声致电两种效应。

我们提出了一种新的电磁超声技术，严格地说，应该命名为“超声电磁无损检测”。采用力源（声源）与静磁场共同激励高电导率目标体，同样在目标体中产生了磁致声和磁声致电两种效应。通过测量有无静磁场情况下的振动速度变化，或者测量感应电动势，反映金属材料中的缺陷，我们正在开展研究，后续将陆续报道。

参 考 文 献

Zhang Y，Liu G Q. He W J. 2010. New reconstruction method of magnetoacoustic tomography with magnetic induction. 32nd Annual International IEEE EMBS Conference.

Feng X H，Gao F，Zheng Y J. 2013. Magnetically mediated thermoacoustic imaging toward deeper penetration. Applied Physics Letters，103：083704.

Karalis A，Joannopoulos J D，Soljacic M. 2008. Efficient wireless non-radiative mid-range energy transfer. Ann. Phys.（N. Y.），323：34-48.

结 束 语

值此书稿付梓之际，填水调歌头词一首，特此纪念。

水调歌头　妙镜[①]

刘国强

（2015.10.21）

声磁发动电，磁变致超声。
喜看双剑合璧，霞袂巧联盟。
同是洛伦兹力，波动一池春水，九转化奇能。
天地有妙镜，吾辈可倾情。

夜长长，路漫漫，启明星。
云开雾散，透视仙境一层层。
多少世间奇迹，贵在恒心坚守，大道士人弘。
擎起独孤剑，常习九阳经[②]。
（词林正韵）

注：①喻指影像仪器，亦通妙境；②武术和内功最高境界，喻指方法学与硬件系统。

附录A　矩　量　法

对于线性规划问题

$$L(\chi)=\xi \tag{A1}$$

其中，L 是线性算子；χ 表示场变量或激励的泛函，通常是未知的；ξ 表示检测信号或响应的泛函，通常是已知的。这里说的线性规划问题就是通过检测信号或响应 ξ 求解场或激励 χ 的问题。如果（A1）的解是存在的，且对所有的 ξ，解唯一，则一定存在一个逆算子 L^{-1} 满足

$$L^{-1}(\xi)=\chi \tag{A2}$$

如果令 χ 在 L 的定义域中可以被展开为一组基函数 χ_1，χ_2，χ_3，…的线性组合，即

$$\chi=\sum_i a_i\chi_i$$

其中，a_i 是未知系数，χ_i 为基函数。要得到精确解，则 χ_i 通常是完备的且具有无穷维。取其近似解为

$$\sum_i a_i L(\chi_i)=\xi$$

接下来再定义一组权函数的集合：ω_1，ω_2，ω_3，…，对应每个 ω_j 对上式两端作内积可得

$$\sum_i a_i\langle\omega_j,L(\chi_i)\rangle=\langle\omega_j,\xi\rangle \tag{A3}$$

方程（A3）可以写成矩阵形式

$$\boldsymbol{\lambda\alpha}=\boldsymbol{\beta} \tag{A4}$$

其中，$\boldsymbol{\lambda}=\begin{bmatrix}\langle\omega_1,L(\chi_1)\rangle & \langle\omega_2,L(\chi_2)\rangle & \cdots & \langle\omega_1,L(\chi_n)\rangle\\ \langle\omega_2,L(\chi_1)\rangle & \langle\omega_2,L(\chi_2)\rangle & \cdots & \langle\omega_2,L(\chi_n)\rangle\\ \vdots & \vdots & & \vdots\\ \langle\omega_m,L(\chi_1)\rangle & \langle\omega_m,L(\chi_2)\rangle & \ldots & \langle\omega_m,L(\chi_n)\rangle\end{bmatrix}$，$\boldsymbol{\alpha}=[a_1a_2\cdots a_n]^{\mathrm{T}}$，$\boldsymbol{\beta}=[\langle\omega_1,\xi\rangle\langle\omega_2,\xi\rangle\cdots\langle\omega_m,\xi\rangle]^{\mathrm{T}}$。

如果矩阵 $\boldsymbol{\lambda}$ 是非奇异的，那么可通过矩阵求逆直接解出 $\boldsymbol{\alpha}$

$$\boldsymbol{\alpha} = \boldsymbol{\lambda}^{-1}\boldsymbol{\beta} \tag{A5}$$

在得到 $\boldsymbol{\alpha}$ 后，令矩阵 $\boldsymbol{X} = [\chi_1, \chi_2, \cdots, \chi_n]$，则 $\boldsymbol{\chi}_{可}$ 写为

$$\boldsymbol{\chi}_{=} \boldsymbol{X\alpha} = \boldsymbol{X\lambda}^{-1}\boldsymbol{\beta} \tag{A6}$$

在一个特定问题中，需要首先选择合适的基函数 χ_i 和权函数 ω_j 。当选择 $\chi_i = \omega_j$ 时就是传统的伽辽金方法。在这里 χ_i 和 ω_j 自身之间应是线性无关的，当然也可以是正交的。不同的选取方式对于计算精度、计算消耗的时间、占用的内存以及最终逆矩阵求解的适定性都具有很大的影响。

对于权函数 ω_j 的选择，在波动场逆问题中往往采用点匹配的方式。也就是选择一组点的集合，使得对于特定问题，在这些点上满足方程（A4）。也就是说可以选择

$$\omega_j = \sum_{r_i \in s_j} \delta(\boldsymbol{r} - \boldsymbol{r}_i) \tag{A7}$$

这里，s_j 是在定义域内第 j 次所选点的子集，$\boldsymbol{r}_i$ 表示子集 s_j 内的某一点。

基函数 χ_i 的选择也是一个关键问题。一般来说，基函数可以分为全局基函数和局部基函数。全局基函数是指该函数在整个定义域内都是有定义的，常用的基函数有傅里叶基、小波基等，局部基函数是指 χ_i 仅在某个小区域内是有定义的，因此求得的系数 α_i 也只在对应的区域内是有意义的。常用的局部基函数有分段插值函数、有限元算法中的各类形函数等，局部基函数数值稳定性较高，而全局基函数的收敛性较好（倪光正等，1996）。

附录 B　压缩感知法

利用一幅图像 I 的某些先验知识，能够在某个稀疏基 ϕ_γ 下对这幅图像进行稀疏表示。这些稀疏表示实际上是利用一些系数 $\langle I,\phi_\gamma\rangle$ 对这幅图像的信息进行压缩

$$I=\sum_{\gamma=1}^{M}\langle I,\phi_\gamma\rangle\phi_\gamma \tag{B1}$$

严格来说，稀疏与可压缩是有区别的。所谓的稀疏是指系数 $\langle I,\phi_\gamma\rangle$ 存在零值，而可压缩是指系数 $\langle I,\phi_\gamma\rangle$ 快速的衰减以至于可以忽略不计，但并不为零。前期的研究表明（Provost et al.，2009），光滑的图像在傅里叶基（Fourier basis）下是稀疏的，非光滑的图像在小波基（wavelet basis）下是稀疏的，而对于非连续的图像在脊波基（curvelet basis）下是稀疏的。其中，脊波基与小波基类似，是一种多分辨率变换基（李晖晖等，2006）。通常用近似误差来量化图像压缩误差

$$\varepsilon=\left\| I-\sum_{\gamma=1}^{M}\langle I,\phi_\gamma\rangle\phi_\gamma\right\|_{l_2} \tag{B2}$$

假定待求的矩阵方程为

$$\boldsymbol{KH}=\boldsymbol{U} \tag{B3}$$

假设具有 n 个像素点的待重建场源 $\boldsymbol{H}$ 在某个基 $\boldsymbol{\Phi}$ 下是稀疏的：$\boldsymbol{H}=\boldsymbol{\Phi\theta}$，其中 $\boldsymbol{\theta}$ 是包含系数的列向量，并且 $\boldsymbol{\theta}$ 的 l_0 范数远小于 n，$\|\boldsymbol{\theta}\|_{l_0}\ll n$。这里 l_0 范数表示系数向量 $\boldsymbol{\theta}$ 中非零值的个数。根据压缩感知理论，如果用于重建 $\boldsymbol{H}$ 的信号 $\boldsymbol{U}$ 在基 $\boldsymbol{\Phi}$ 下也是稀疏的，那么系数 $\boldsymbol{\theta}$ 满足如下最小化问题（Donoho，2006）

$$\min\ \|\boldsymbol{\theta}\|_{l_0}\ \text{s.t.}\ \boldsymbol{U}=\boldsymbol{K\Phi\theta} \tag{B4}$$

其中，$\boldsymbol{K\Phi}$ 有很大的可能性是一个压缩感知矩阵（CS-matrix）（Donoho，2004）。据此，如果 $\boldsymbol{\theta}$ 的 l_0 范数是 M，那么只需要 $M+1$ 个测量数据就可以重建 $\boldsymbol{H}$。

但是在数学上，l_0 最小化问题是一个组合优化难题，也称为非确定性多项式难题（non-deterministic polynomial hard，NP-hard）。要想获得高分辨率的图像就会产生巨大的计算量，使其很难进行实际应用。为了解决这个问题，Donoho 证明了对于绝大多数的 $\boldsymbol{K\Phi}$，如果解 $\boldsymbol{\theta}$ 足够稀疏，那么 l_0 最小化问题与 l_1 最小化问题是等效的（Donoho，2004）。

$$\min \|\boldsymbol{\theta}\|_{l_1} \text{ s.t. } \boldsymbol{U} = \boldsymbol{K\Phi\theta} \tag{B5}$$

l_1 范数优化问题使原先的 l_0 优化问题变成了一个凸优化问题。式（B5）很容易通过线性规划方法实现（Yang et al.，2011），如凸松弛算法、贪婪算法、组合算法等。由于用 l_1 范数代替了 l_0 范数，则需要更多的数据量进行重建，通常需要用到 3M 到 5M 的数据量。在噪声存在的情况下，给定误差 ε，上式又可写为 l_2 范数优化问题

$$\min \|\boldsymbol{\theta}\|_{l_1} \text{ s.t. } \|\boldsymbol{U} - \boldsymbol{K\Phi\theta}\|_{l_2} < \varepsilon \tag{B6}$$

这里，矩阵 $\boldsymbol{K\Phi}$ 称为压缩感知矩阵。已经证明，$\boldsymbol{K\Phi}$ 要想成为压缩感知矩阵，必须满足有限等距性质（restrict isometry property，RIP）的充要条件（刘冰等，2010）。通俗来讲，就是必须保证压缩感知矩阵不会把不同的两个稀疏信号映射到同一个采样集合中，也就是说从压缩感知矩阵任意抽取 M 个列向量构成的矩阵都是非奇异的。

需要从足够多的边界点进行扫描来获取大于 3M 的数据，从而才能利用 l_1 范数最小化问题替代 l_0 范数最小化问题。即使考虑有限带宽点源格林函数，只要激励信号时间足够短，那么 $\boldsymbol{K\Phi}$ 矩阵的某些列向量之间仍具有类似随机噪声的特性，矩阵 $\boldsymbol{K\Phi}$ 仍然可看作是满足压缩感知矩阵条件的。

为了满足压缩感知矩阵的条件，必须根据压缩感知理论对 $\boldsymbol{K\Phi}$ 进行合理的设计。Candès 认为，如果 $\boldsymbol{\Phi}$ 是傅里叶基，$\boldsymbol{K}$ 是满足高斯分布的随机矩阵，那么就可以把 $\boldsymbol{K\Phi}$ 看成是压缩感知矩阵（Candès et al.，2006）。Provost 在光声成像的研究中证明，傅里叶基作用在 Radon 变换核上也可以当成压缩感知矩阵（Provost et al.，2009）。

求解 l_1 范数优化问题有很多方法，这里采用贪婪算法中的正交匹配追踪算法（OMP）求解凸优化问题（B5）。OMP 算法是在匹配追踪算法（MP）基础上发展起来的，适用于各种正交变换基和完备的数据字典（Mallat et al.，1993）。MP 算法的基本思想是在每一次迭代中，从压缩感知矩阵中选出与信号最匹配的列向量来进行稀疏逼近，并同时计算出残差，进而继续选出与残差最为匹配的列，以此类推。经过几次迭代以后，测量信号就可以由这些选出的列向量线性表示。但是由于信号在选出列向量上的投影不是正交的，迭代的结果可能不是最优的（Zhang et al.，2002）。

OMP 算法就是考虑列向量的非正交性，在每次迭代中用施密特正交化进行处理，再将信号在这些正交基上进行投影，从而克服了常规的匹配追踪算法迭代次数过多的问题（杨爱萍等，2008）。

令压缩感知矩阵 $\boldsymbol{K\Phi} = \boldsymbol{A}_{CS}$，则由 OMP 算法求解的矩阵方程变为

$$\boldsymbol{U} = \boldsymbol{A}_{CS}\boldsymbol{\theta} \tag{B7}$$

其中，$\boldsymbol{\Phi}$ 是某种基下的正交变换矩阵，如傅里叶基或小波基，$\boldsymbol{K}$ 是由矩量法求得的系数矩阵。因此可利用 $\boldsymbol{A}_{CS}=\boldsymbol{K\Phi}$ 直接得到压缩感知矩阵 $\boldsymbol{A}_{CS}$ 。OMP 计算流程如下所述。

第一步：首先初始化残差 $\boldsymbol{r}_0=\boldsymbol{U}$ ，搜索列向量集合 $\boldsymbol{\Lambda}=$ 空集 。

第二步：在第 i 次迭代中，计算压缩感知矩阵的每列与残差之间的相关系数 $\langle \boldsymbol{r}_i,\boldsymbol{a}_j\rangle$ ，找到相关系数最大的列 $\boldsymbol{a}_j$ 并入 $\boldsymbol{\Lambda}$，即 $\boldsymbol{\Lambda}=[\boldsymbol{\Lambda},\alpha_j]$ ，其中 j 表示感知矩阵 $\boldsymbol{A}_{CS}$ 的第 j 列向量，$\boldsymbol{r}_i$ 表示第 i 次迭代的残差。

第三步：利用最小二乘法逼近测量信号 $\hat{\boldsymbol{H}}=\mathrm{argmin}\,\|\boldsymbol{U}-\boldsymbol{\Lambda H}\|$ ，也就是求 $\hat{\boldsymbol{H}}=\langle \boldsymbol{\Lambda},\boldsymbol{\Lambda}^{\mathrm{T}}\rangle^{-1}\boldsymbol{\Lambda}^{\mathrm{T}}U$ 。

第四步：利用公式 $\boldsymbol{r}_{i+1}=\boldsymbol{U}-\boldsymbol{\Lambda}\hat{\boldsymbol{H}}$ 更新残差。

第五步：如果没有达到迭代步数则返回第二步继续迭代，否则输出 $\hat{\boldsymbol{H}}$ 。

附录C　拟 牛 顿 法

从式（16.27）～(16.29）出发，令 $\boldsymbol{R}_i=\hat{\boldsymbol{\sigma}}_i\boldsymbol{E}_i-\boldsymbol{J}_i$，$\boldsymbol{R}=[\boldsymbol{R}_1,\boldsymbol{R}_2,\cdots,\boldsymbol{R}_{M\times N}]^{\mathrm{T}}$，则 f 还可写为 $f=\frac{1}{2}(\boldsymbol{E}\hat{\boldsymbol{\sigma}}-\boldsymbol{J})^{\mathrm{T}}\cdot(\boldsymbol{E}\hat{\boldsymbol{\sigma}}-\boldsymbol{J})=\frac{1}{2}\boldsymbol{R}^{\mathrm{T}}\boldsymbol{R}$，$f$ 对 $\hat{\boldsymbol{\sigma}}$ 的一阶导数矩阵 $\boldsymbol{J}_f$ 和二阶导数矩阵 $\boldsymbol{B}_s$ 分别为

$$\begin{aligned}\boldsymbol{J}_f&=\boldsymbol{E}^{\mathrm{T}}\boldsymbol{R}\\ \boldsymbol{B}_s&=\boldsymbol{E}^{\mathrm{T}}\boldsymbol{E}+\boldsymbol{o}^2(\boldsymbol{\sigma})\end{aligned}\tag{C1}$$

构造迭代过程的模型泛函

$$Q(\delta\hat{\boldsymbol{\sigma}})=f(\hat{\boldsymbol{\sigma}}^k)+\boldsymbol{J}_f^{\mathrm{T}}\delta\hat{\boldsymbol{\sigma}}+\frac{1}{2}\delta\hat{\boldsymbol{\sigma}}^{\mathrm{T}}\boldsymbol{B}_s\delta\hat{\boldsymbol{\sigma}}\tag{C2}$$

其中，$\hat{\boldsymbol{\sigma}}^k$ 是第 k 次迭代的估计值，$\delta\hat{\boldsymbol{\sigma}}^{k+1}=\hat{\boldsymbol{\sigma}}^{k+1}-\hat{\boldsymbol{\sigma}}^k$ 是两次迭代的修正值，$\boldsymbol{B}_s$ 是 Hessian 矩阵。式（C1）中右端第二项是高阶无穷小量，可以忽略。那么有

$$\boldsymbol{B}_s=\boldsymbol{E}^{\mathrm{T}}\boldsymbol{E}$$

为了满足收敛方向，令 $Q(\delta\hat{\boldsymbol{\sigma}})$ 对 $\delta\hat{\boldsymbol{\sigma}}$ 的一阶偏导数为 0，代入式（C2）可得

$$\boldsymbol{J}_f=-\boldsymbol{B}_s\delta\hat{\boldsymbol{\sigma}}$$

整理得

$$\boldsymbol{E}^{\mathrm{T}}\boldsymbol{E}\delta\hat{\boldsymbol{\sigma}}=-\boldsymbol{E}^{\mathrm{T}}\boldsymbol{R}$$

因此，得到沿着收敛方向的电导率增量计算公式为

$$\delta\hat{\boldsymbol{\sigma}}=-(\boldsymbol{E}^{\mathrm{T}}\boldsymbol{E})^{-1}\boldsymbol{E}^{\mathrm{T}}\boldsymbol{R}=-\boldsymbol{B}_s^{-1}\boldsymbol{J}_f\tag{C3}$$

由于 Hessian 矩阵 $\boldsymbol{E}^{\mathrm{T}}\boldsymbol{E}$ 存在着较大的奇异性，并且是非正定的，导致其求逆运算存在较大的不适定性。常规的解决办法如下。

1. 信赖域方法

根据正则化的原理，将公式 $\boldsymbol{E}^{\mathrm{T}}\boldsymbol{E}\delta\hat{\boldsymbol{\sigma}}=-\boldsymbol{E}^{\mathrm{T}}\boldsymbol{R}$ 转化为 $(\boldsymbol{E}^{\mathrm{T}}\boldsymbol{E}+\mu\boldsymbol{I})\delta\hat{\boldsymbol{\sigma}}=-\boldsymbol{E}^{\mathrm{T}}\boldsymbol{R}$，求解近似解 $\delta\hat{\boldsymbol{\sigma}}=-(\boldsymbol{E}^{\mathrm{T}}\boldsymbol{E}+\mu\boldsymbol{I})^{-1}\boldsymbol{E}^{\mathrm{T}}\boldsymbol{R}$。$\mu$ 越大，收敛速度越快，但是误差越大；μ 越小收敛速度越慢甚至发散，但是收敛后误差越小。在实际计算中，可以通过“L 曲线”的方法，寻找合适的 μ，使 $\hat{\boldsymbol{\sigma}}^k+\delta\hat{\boldsymbol{\sigma}}^k$ 在 $\hat{\boldsymbol{\sigma}}^k$ 的一个较小的邻域内满足 $f(\hat{\boldsymbol{\sigma}}+\delta\hat{\boldsymbol{\sigma}})<f(\hat{\boldsymbol{\sigma}})$。

2. 拟牛顿方法

如果避开直接求解 Hessian 矩阵，利用迭代的方法每步更新 Hessian 矩阵，

则可以在一定程度上保证迭代收敛。

设第 k 次迭代时 Hessian 矩阵 $\boldsymbol{B}_s^k$ 的逆为 $\boldsymbol{H}_s^k$ ，即满足 $\delta\hat{\boldsymbol{\sigma}}^k=-\boldsymbol{H}_s^k\boldsymbol{J}_f^k$ 。

如果在每次迭代时，对 $\boldsymbol{H}_s^{k+1}$ 作下列修正

$$\boldsymbol{H}_s^{k+1}=\boldsymbol{H}_s^k+\Delta\boldsymbol{H}_s^k \tag{C4}$$

则可在每次迭代后用 $\boldsymbol{H}_s^{k+1}$ 近似逼近 Hessian 矩阵的逆，从而避免了求逆的过程。

接下来介绍 $\Delta\boldsymbol{H}_s^k$ 或 $\Delta\boldsymbol{B}_s^k$ 的求法。

首先分析 $\boldsymbol{H}_s^k=(\boldsymbol{B}_s^k)^{-1}$ 与一阶导数矩阵 $\boldsymbol{J}_f^k$ 的关系。将 $f(\boldsymbol{\sigma})$ 在 $\boldsymbol{\sigma}^{k+1}$ 处泰勒展开得

$$f(\boldsymbol{\sigma})=f(\boldsymbol{\sigma}^{k+1})+\boldsymbol{J}_f^{k+1}(\boldsymbol{\sigma}-\boldsymbol{\sigma}^{k+1})+\frac{1}{2}(\boldsymbol{\sigma}-\boldsymbol{\sigma}^{k+1})^T\boldsymbol{B}_s^{k+1}(\boldsymbol{\sigma}-\boldsymbol{\sigma}^{k+1}) \tag{C5}$$

式（C5）右端对 $\boldsymbol{\sigma}$ 求一阶导数，并令 $\boldsymbol{\sigma}=\boldsymbol{\sigma}^k$ 可得

$$\boldsymbol{J}_f^k=\boldsymbol{J}_f^{k+1}+\boldsymbol{B}_s^{k+1}(\boldsymbol{\sigma}^k-\boldsymbol{\sigma}^{k+1})$$

令 $\boldsymbol{q}^k=\boldsymbol{J}_f^{k+1}-\boldsymbol{J}_f^k$ 代入上式得

$$\boldsymbol{q}^k=\boldsymbol{J}_f^{k+1}-\boldsymbol{J}_f^k=\boldsymbol{B}_s^{k+1}(\boldsymbol{\sigma}^{k+1}-\boldsymbol{\sigma}^k)=\boldsymbol{B}_s^{k+1}\delta\boldsymbol{\sigma}^k$$

从而得到

$$\boldsymbol{q}^k=[\boldsymbol{H}_s^{k+1}]^{-1}\delta\boldsymbol{\sigma}^k$$

由于 $\boldsymbol{q}^k=\boldsymbol{B}_s^{k+1}\delta\boldsymbol{\sigma}^k=(\boldsymbol{B}_s^k+\Delta\boldsymbol{B}_s^k)\delta\boldsymbol{\sigma}^k$ ，则

$$\Delta\boldsymbol{B}_s^k\delta\boldsymbol{\sigma}^k=\boldsymbol{q}^k-\boldsymbol{B}_s^k\delta\boldsymbol{\sigma}^k \tag{C6}$$

在式（C6）的基础上，可以得到很多不同的 Hessian 矩阵校正方法。其中，比较典型的有秩 1 算法、DFP 算法和 BFGS 算法等，具体介绍如下。

（1）秩 1 矫正法。

$$\Delta\boldsymbol{H}^k=(\delta\boldsymbol{\sigma}^k-\boldsymbol{H}^k\boldsymbol{q}^k)(\delta\boldsymbol{\sigma}^k-\boldsymbol{H}^k\boldsymbol{q}^k)^T[\boldsymbol{q}^{kT}(\delta\boldsymbol{\sigma}^k-\boldsymbol{H}^k\boldsymbol{q}^k)]^{-1} \tag{C7a}$$

该方法构造的矩阵是非正定的，收敛性较差。

（2）DFP 方法（Davidon-Fletcher-Powell 方法，秩 2 校正法）。

$$\Delta\boldsymbol{H}^k=\delta\boldsymbol{\sigma}^k\delta\boldsymbol{\sigma}^{kT}(\delta\boldsymbol{\sigma}^{kT}\boldsymbol{q}^k)^{-1}-\boldsymbol{H}^k\boldsymbol{q}^k\boldsymbol{q}^{kT}\boldsymbol{H}^k(\boldsymbol{q}^{kT}\boldsymbol{H}^k\boldsymbol{q}^k)^{-1} \tag{C7b}$$

（3）BFGS 方法。

$$\Delta\boldsymbol{B}^k=\boldsymbol{q}^k\boldsymbol{q}^{kT}(\boldsymbol{q}^{kT}\delta\boldsymbol{\sigma}^k)^{-1}-\boldsymbol{B}^k\delta\boldsymbol{\sigma}^k\delta\boldsymbol{\sigma}^{kT}\boldsymbol{B}^k(\delta\boldsymbol{\sigma}^{kT}\boldsymbol{B}^k\delta\boldsymbol{\sigma}^k)^{-1} \tag{C7c}$$

或者

$$\begin{aligned}\Delta\boldsymbol{H}^k=&[1+\boldsymbol{q}^{kT}\boldsymbol{H}^k\boldsymbol{q}^k(\delta\boldsymbol{\sigma}^{kT}\boldsymbol{q}^k)^{-1}](\delta\boldsymbol{\sigma}^{kT}\delta\boldsymbol{\sigma}^k)(\delta\boldsymbol{\sigma}^{kT}\delta\boldsymbol{\sigma}^k)^{-1}\\&-\delta\boldsymbol{\sigma}^k\boldsymbol{q}^{kT}\boldsymbol{H}^k+\boldsymbol{H}^k\boldsymbol{q}^k\delta\boldsymbol{\sigma}^{kT}(\delta\boldsymbol{\sigma}^{kT}\boldsymbol{q}^k)^{-1}\end{aligned} \tag{C7d}$$

附录 D　Andrew Hrbek 互易场积分方程

为了与第 18 章的符号统一，在附录 D 中分别用下角标 1 和 2 代替原文献（Hrbek，2009）中的 focus 和 coil。

将检测线圈看成激励线圈，假定线圈内通入交变电流为 $\boldsymbol{J}_{e2}$，根据法拉第电磁感应定理和安培定理，有

$$\boldsymbol{J}_{e2} = -\mathrm{j}\omega \boldsymbol{A}_{e2} \tag{D1}$$

将式（D1）和式（14.2）、（14.4）代入式（14.1），有

$$\int_{\Omega} \boldsymbol{J}_2 \cdot \boldsymbol{v} \times \boldsymbol{B}_0 \mathrm{d}\Omega = -\mathrm{j}\omega \int_{\Omega} \sigma \boldsymbol{A}_{e2} \cdot \nabla u_1 \mathrm{d}\Omega \tag{D2}$$

根据矢量恒等式，有

$$\int_{\Omega} \sigma \nabla \cdot (u_1 \boldsymbol{A}_{e2}) \mathrm{d}\Omega = \int_{\Omega} \sigma \boldsymbol{A}_{e2} \cdot \nabla u_1 \mathrm{d}\Omega + \int_{\Omega} \sigma u_1 \nabla \cdot \boldsymbol{A}_{e2} \mathrm{d}\Omega \tag{D3}$$

考虑库仑规范，并将式（D3）代入式（D2），有

$$\int_{\Omega} \boldsymbol{J}_2 \cdot \boldsymbol{v} \times \boldsymbol{B}_0 \mathrm{d}\Omega = -\mathrm{j}\omega \int_{\Omega} \sigma \nabla \cdot (u_1 \boldsymbol{A}_{e2}) \mathrm{d}\Omega \tag{D4}$$

进一步，对式（D4）右端项采用高斯定理，有

$$\int_{\Omega} \boldsymbol{J}_2 \cdot \boldsymbol{v} \times \boldsymbol{B}_0 \mathrm{d}\Omega = -\mathrm{j}\omega \int_{\Gamma} \sigma u_1 \boldsymbol{A}_{e2} \cdot \boldsymbol{n} \mathrm{d}\Gamma \tag{D5}$$

考虑线圈通入直流 $\boldsymbol{J}_{\mathrm{wire}}$ 情况，有

$$\boldsymbol{A}_{e2}(\boldsymbol{r}) = \frac{\mu_0}{4\pi} \int_{\mathrm{wire}} \frac{\boldsymbol{J}_{\mathrm{wire}}(\boldsymbol{r}')}{|\boldsymbol{r} - \boldsymbol{r}'|} \mathrm{d}\Omega_{\mathrm{wire}} \tag{D6}$$

将式（D6）代入式（D5），有

$$\int_{\Omega} \boldsymbol{J}_2 \cdot \boldsymbol{v} \times \boldsymbol{B}_0 \mathrm{d}\Omega = -\mathrm{j}\omega \frac{\mu_0}{4\pi} \int_{\Gamma} \sigma u_1 \int_{\mathrm{wire}} \frac{\boldsymbol{J}_{\mathrm{wire}}}{|\boldsymbol{r} - \boldsymbol{r}'|} \mathrm{d}\Omega_{\mathrm{wire}} \cdot \boldsymbol{n} \mathrm{d}\Gamma \tag{D7}$$

假定 $\boldsymbol{r}$ 和 $\boldsymbol{r}'$ 间的距离较小，将 $\frac{1}{|\boldsymbol{r}-\boldsymbol{r}'|}$ 看成 $\delta(\boldsymbol{r}-\boldsymbol{r}')$，有

$$\int_{\mathrm{wire}} \frac{\boldsymbol{J}_{\mathrm{wire}}(\boldsymbol{r}')}{|\boldsymbol{r} - \boldsymbol{r}'|} \mathrm{d}\Omega_{\mathrm{wire}} = \boldsymbol{J}_{\mathrm{wire}}(\boldsymbol{r}) \tag{D8}$$

将式（D8）代入式（D7），有

$$\int_{\Omega} \boldsymbol{J}_2 \cdot \boldsymbol{v} \times \boldsymbol{B}_0 \mathrm{d}\Omega = -\mathrm{j}\omega \frac{\mu_0}{4\pi} \int_{\Gamma} \sigma u_1 \boldsymbol{J}_{\mathrm{wire}}(\boldsymbol{r}) \cdot \boldsymbol{n} \mathrm{d}\Gamma \tag{D9}$$

假定可以忽略上式中的 $-\mathrm{j}\omega\frac{\mu_0\sigma}{4\pi}$，则有

$$\int_{\Omega} \boldsymbol{J}_2 \cdot \boldsymbol{v} \times \boldsymbol{B}_0 \mathrm{d}\Omega = \Delta u_1 I_{\mathrm{wire}} \tag{D10}$$

式中，Δu_1 是线圈的测量电压。

需要指出的是，式（D5）成立的前提条件也是 σ 为常数（本书作者注）。

附录 E　雅可比矩阵的公式

消掉时间项，可得到电标位的空间分量满足的泊松方程（刘国强，2014）

$$\nabla\cdot[\sigma\nabla u(r)]=-\nabla\cdot[\sigma\boldsymbol{A}(\boldsymbol{r})] \tag{E1}$$

在 Born 近似的条件下利用电位的格林函数推导 $\partial u_2/\partial\sigma_j$ 的计算公式。

在式（E1）中，令 σ 有一个微小的扰动，u'_2 为扰动以后的电压分布，由此可得

$$\nabla\cdot[(\sigma+\delta\sigma)\nabla u'(\boldsymbol{r})]=-\nabla\cdot[(\sigma+\delta\sigma)\boldsymbol{A}(\boldsymbol{r})] \tag{E2}$$

继续改写为

$$\nabla\cdot(\sigma\nabla u')=-\nabla(\sigma+\delta\sigma)\cdot\boldsymbol{A}_2-\nabla\cdot(\delta\sigma\nabla u') \tag{E3}$$

方程（E3）右端可看成泊松方程的源项，那么其格林函数积分解可写为

$$\begin{aligned}u'&=-\left[\iint_{r'\in\Omega'}\nabla(\sigma+\delta\sigma)\cdot\boldsymbol{A}G(r,r')\mathrm{d}\Omega'+\iint_{r'\in\Omega'}\nabla\cdot(\delta\sigma\nabla u')G(r,r')\mathrm{d}\Omega'\right]\\&=-\iint_{r'\in\Omega'}\nabla\sigma\cdot\boldsymbol{A}G(r,r')\mathrm{d}\Omega'-\iint_{r'\in\Omega'}\nabla\delta\sigma\cdot\boldsymbol{A}G(r,r')\mathrm{d}\Omega'\\&\quad-\iint_{r'\in\Omega'}\nabla\cdot(\delta\sigma\nabla u)G(r,r')\mathrm{d}\Omega'\end{aligned} \tag{E4}$$

其中，式（E4）中的第一项就是泊松方程（E1）的格林函数解，所以有

$$\delta u=u'-u=-\iint_{r'\in\Omega'}\nabla\delta\sigma\cdot\boldsymbol{A}G(r,r')\mathrm{d}\Omega'-\iint_{r'\in\Omega'}\nabla\cdot(\delta\sigma\nabla u')G(r,r')\mathrm{d}\Omega' \tag{E5}$$

考虑高斯定理，利用矢量恒等式对式（E5）右端第二项进行变换可得

$$\begin{aligned}\delta u=&-\iint_{r'\in\Omega'}\nabla\delta\sigma\cdot\boldsymbol{A}G(r,r')\mathrm{d}\Omega'-\int_{r'\in\partial\Omega'}\delta\sigma\nabla u'\cdot\boldsymbol{n}G(r,r')\mathrm{d}\,\partial\,\Omega'\\&+\iint_{r'\in\Omega'}\delta\sigma\nabla u'\cdot\nabla G(r,r')\mathrm{d}\Omega'\end{aligned} \tag{E6}$$

考虑库仑规范 $\nabla\cdot\boldsymbol{A}_2=0$

$$\delta u=-\iint_{r'\in\Omega'}\nabla\cdot(\delta\sigma\boldsymbol{A})G(r,r')\mathrm{d}\Omega'-\int_{r'\in\partial\Omega'}\delta\sigma\nabla u'\cdot\boldsymbol{n}G(r,r')\mathrm{d}\partial\Omega'$$

$$+\iint\limits_{r'\in\Omega'} \delta\sigma\,\nabla u'\cdot\nabla G(r,r')\mathrm{d}\Omega' \tag{E7}$$

由于被测区域边界处的电导率为零，因此边界处的电流密度法向分量也为零，再利用矢量恒等变换和高斯定理有

$$\begin{aligned}
\delta u =& -\iint\limits_{r'\in\Omega'} \nabla\cdot[\delta\sigma \boldsymbol{A} G(r,r')]\mathrm{d}\Omega' + \iint\limits_{r'\in\Omega'} \delta\sigma\boldsymbol{A}\cdot\nabla G(r,r')\mathrm{d}\Omega' \\
&+ \iint\limits_{r'\in\Omega'} \delta\sigma\,\nabla u'\cdot\nabla G(r,r')\mathrm{d}\Omega' - \int\limits_{r'\in\partial\Omega'} \delta\sigma\,\nabla u'\cdot\boldsymbol{n}G(r,r')\mathrm{d}\partial\Omega' \\
=& \iint\limits_{r'\in\Omega'} \delta\sigma\boldsymbol{A}\cdot\nabla G(r,r')\mathrm{d}\Omega' + \iint\limits_{r'\in\Omega'} \delta\sigma\,\nabla u'\cdot\nabla G(r,r')\mathrm{d}\Omega' \\
&+ \int\limits_{r'\in\partial\Omega'} \delta\sigma(-\boldsymbol{A}-\nabla u')\cdot\boldsymbol{n}G(r,r')\mathrm{d}\partial\Omega' \\
=& \iint\limits_{r'\in\Omega'} \delta\sigma\boldsymbol{A}\cdot\nabla G(r,r')\mathrm{d}\Omega' + \iint\limits_{r'\in\Omega'} \delta\sigma\,\nabla u'\cdot\nabla G(r,r')\mathrm{d}\Omega' \\
=& \iint\limits_{r'\in\Omega'} \delta\sigma(\boldsymbol{A}+\nabla u')\cdot\nabla G(r,r')\mathrm{d}\Omega'
\end{aligned} \tag{E8}$$

从上面的推导可以看出，求解电标位 u' 的过程与超声逆散射成像中迭代求解散射场的过程是一致的（刘超，2003）。对于弱散射介质，根据超声逆散射成像中 Born 近似的基本原理，格林函数 $G(r,r')$ 可以用均匀介质中的格林函数近似表示，u' 可以用电导率修正前的散射场 u 近似表示。那么散射场的修正值可以近似表示为

$$\delta u \approx \iint\limits_{r'\in\Omega'} \delta\sigma(\boldsymbol{A}+\nabla u)\cdot\nabla G(r,r')\mathrm{d}\Omega' \tag{E9}$$

参考文献

李晖晖，郭雷，刘航．2006．基于二代 curvelet 变换的图像融合研究．光学学报，26(5)：657-663.

刘冰，付平，孟升卫．2010．基于正交匹配追踪的压缩感知信号检测算法．仪器仪表学报，31(9)：1960-1965.

刘超．2003．超声层析成像的理论与实现．浙江：浙江大学．

刘国强．2014．磁声成像技术上册：超声检测式磁声成像．北京：科学出版社．

倪光正，钱秀英．1996．电磁场数值计算．北京：高等教育出版社．

杨爱萍，侯正信，王成优．2008．边界镜像对称延拓双正交小波变换矩阵的构造．中国图象图形学报，13(2)：198-204.

Candès E J, Romberg J, Tao T. 2006. Robust uncertainty principles: Exact signal reconstruction from highly incomplete frequency information. IEEE Trans Inf Theory, 52 (2): 489-509.

Donoho D L. 2004. For most large underdetermined systems of equations, the minimal 1-norm near-solution approximates the sparsest near-solution . Comm Pure Appl Math, 59(7): 907-934.

Donoho D L. 2006. Compressed sensing . IEEE Trams. inform theory, 52(4): 1289-1306.

Hrbek A. 2009. The Forward and Inverse Problems of Magneto-acousto-electrical Tomography (MAET). Toronto: University of Toronto.

Mallat SG, Zhang Z. 1993. Matching pursuits with time-frequency dictionaries . IEEE Transactions on Singal Processing, 41(12): 3397-3416.

Provost J, Lesage F. 2009. The application of compressed sensing for photo-acoustic tomography . IEEE Transactions on Medical Imaging, 28(4): 585-595.

Yang J, Zhang Y. 2011. Alternating Direction Algorithms for l1 Problems in Compressive Sensing. SIAM J. Sci. Comput, 33(1): 250-278.

Zhang Z. 2002. Construction of bi-orthogonal wavelet matrix with pre-asigned scaling filter. Advances In mathematics, 31(4): 317-322.

索 引

《现代声学科学与技术丛书》已出版书目

（按出版时间排序）

1. 创新与和谐——中国声学进展	程建春、田静等编	2008.08
2. 通信声学	J. 布劳尔特等编 李昌立等 译	2009.04
3. 非线性声学（第二版）	钱祖文 著	2009.08
4. 生物医学超声学	万明习等 编	2010.05
5. 城市声环境论	康健 著 戴根华 译	2011.01
6. 汉语语音合成——原理和技术	吕士楠、初敏、许洁萍、贺琳 著	2012.01
7. 声表面波材料与器件	潘峰等 编著	2012.05
8. 声学原理	程建春 著	2012.05
9. 声呐信号处理引论	李启虎 著	2012.06
10. 颗粒介质中的声传播及其应用	钱祖文 著	2013.06
11. 水声学（第二版）	汪德昭、尚尔昌 著	2013.06
12. 空间听觉	J. 布劳尔特 著	
——人类声定位的心理物理学	戴根华、项宁 译 李晓东 校	2013.06
13. 工程噪声控制	D. A. 比斯、C. H. 汉森 著	
——理论和实践（第4版）	邱小军、于淼、刘嘉俊 译校	2013.10
14. 水下矢量声场理论与应用	杨德森等 著	2013.10
15. 声学测量与方法	吴胜举、张明铎 编著	2014.01
16. 医学超声基础	章东、郭霞生、马青玉、屠娟 编著	2014.03
17. 铁路噪声与振动	David Thompson 著	
——机理、模型和控制方法	中国铁道科学研究院节能	
	环保劳卫研究所 译	2014.05
18. 环境声的听觉感知与自动识别	陈克安 著	2014.06
19. 磁声成像技术		
上册：超声检测式磁声成像	刘国强 著	2014.06
20. 声空化物理	陈伟中 著	2014.08
21. 主动声呐检测信息原理		
上册：主动声呐信号和系统分析基础	朱埜 著	2014.12
22. 主动声呐检测信息原理		
下册：主动声呐信道特性和系统优化原理	朱埜 著	2014.12
23. 人工听觉——新视野	曾凡钢等 编	
	平利川等 译 冯海泓等 校	2015.05
24. 磁声成像技术		
下册：电磁检测式磁声成像	**刘国强 著**	**2016.03**

彩　　图

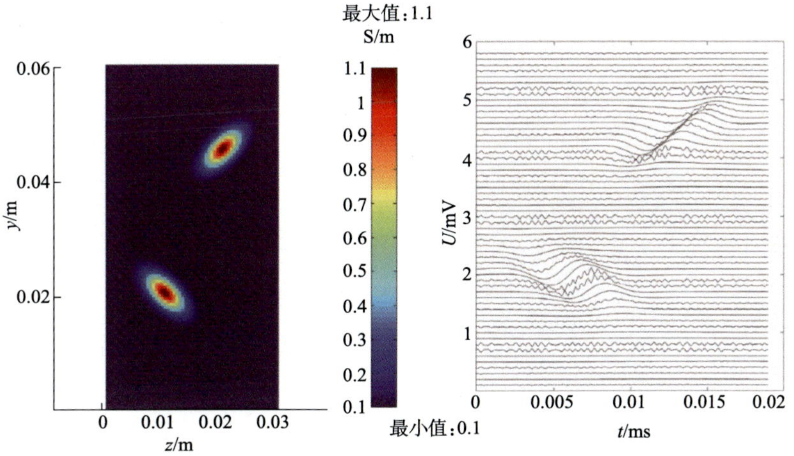

（a）原始电导率分布　　（b）超声扫描激励的电压信号

图 15.6　连续电导率模型与电压信号

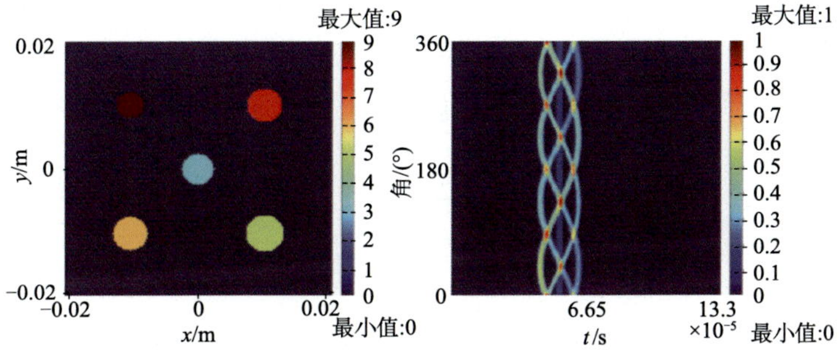

（a）原始场源　　（b）扫描测试值（a.u.）

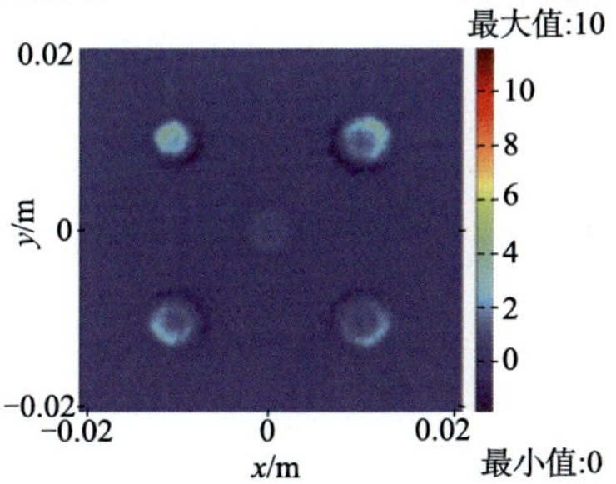

（c）重建的场源

图 16.2　时间反转法重建的场源

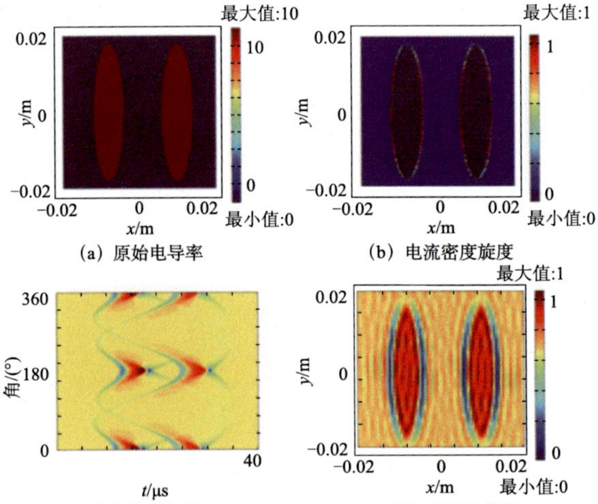

(a) 原始电导率　(b) 电流密度旋度　(c) 电压信号　(d) 重建的旋度

图 16.4　压缩感知重建电流密度旋度的计算结果

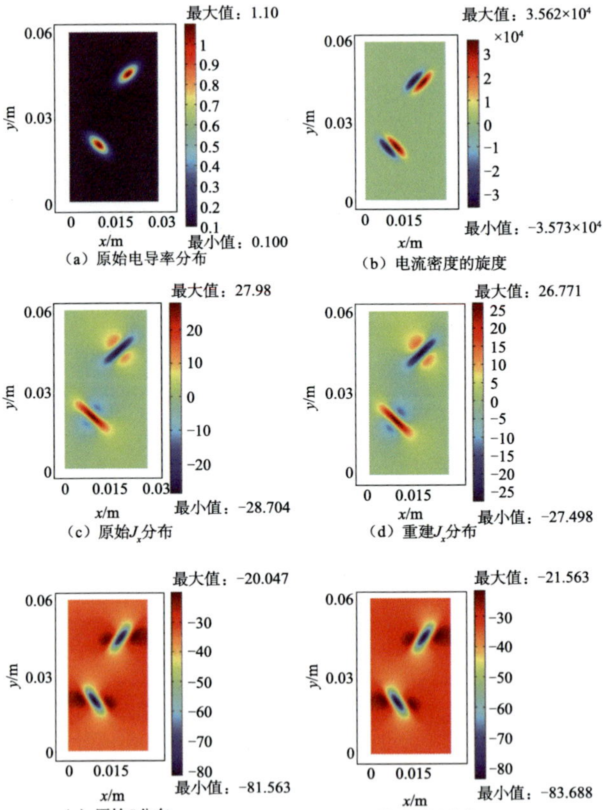

(a) 原始电导率分布　(b) 电流密度的旋度

(c) 原始J_x分布　(d) 重建J_x分布

(e) 原始J_y分布　(f) 重建J_y分布

图 16.6　电流密度矢量重建结果图

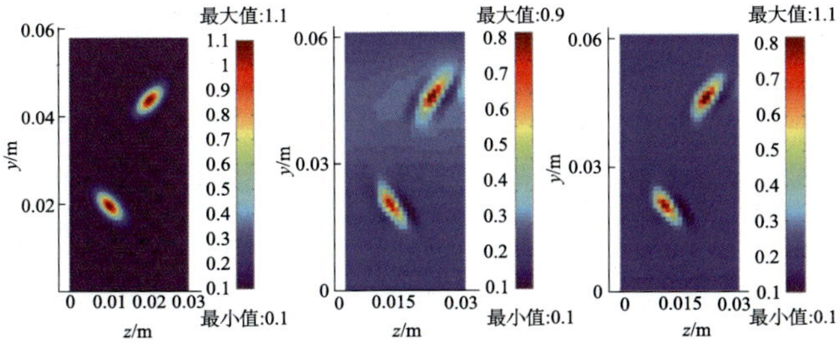

(a) 原始电导率　(b) 迭代10次重建电导率　(c) 迭代20次重建电导率

图 16.7　连续电导率分布模型的重建结果

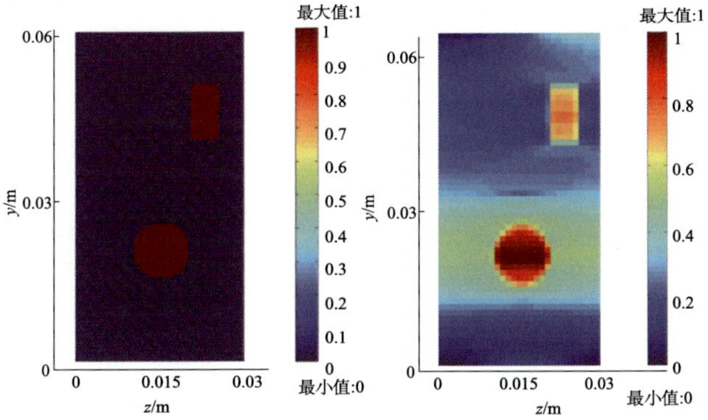

(a) 原始电导率分布　(b) 重建电导率 (a.u.)

图 16.8　分段均匀电导率模型的计算结果

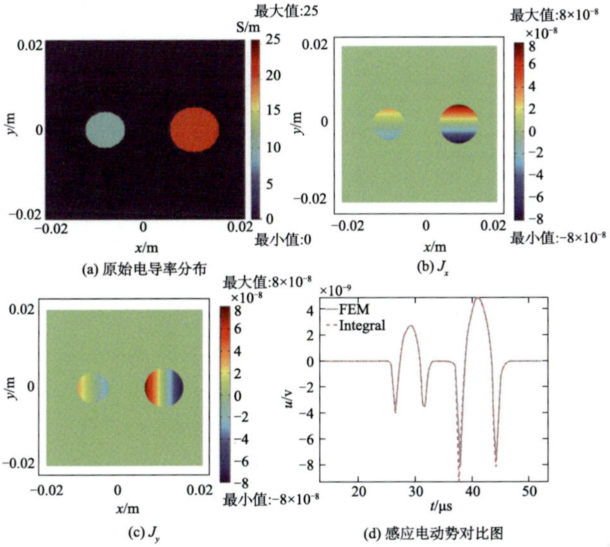

(a) 原始电导率分布　(b) J_x

(c) J_y　(d) 感应电动势对比图

图 19.2　互易定理和有限元两种方法计算的感应电动势信号对比图

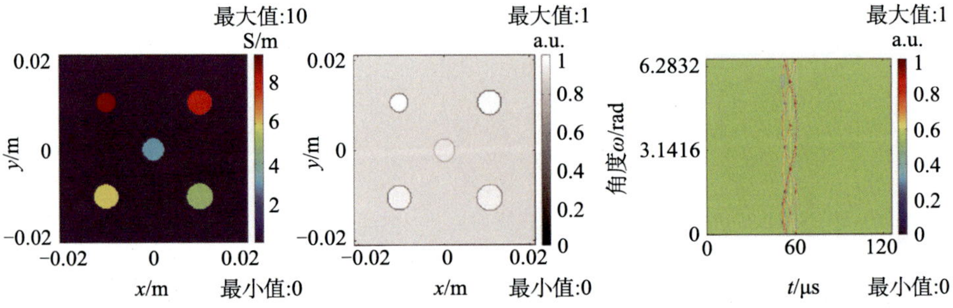

(a)初始电导率 (b) 电流密度的旋度 (c)感应电动势信号

图 19.3 旋转超声换能器一周计算的感应电动势信号

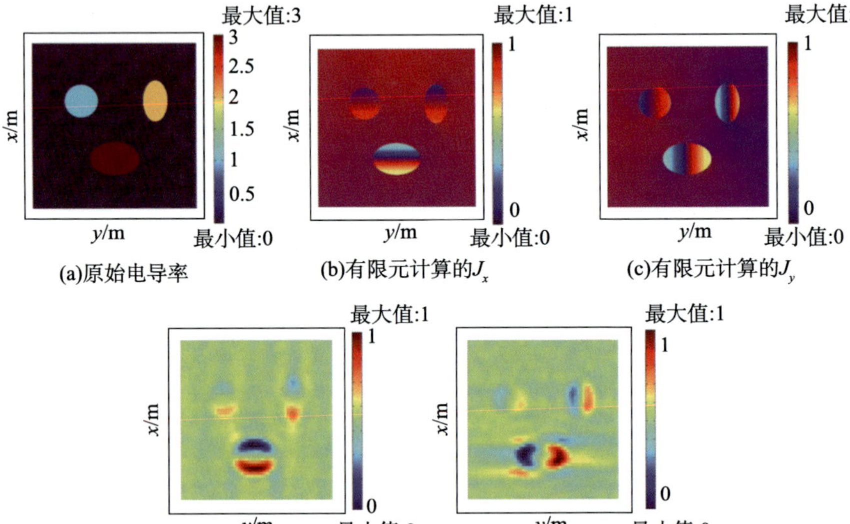

(a)原始电导率 (b)有限元计算的J_x (c)有限元计算的J_y

(d)重建的J_x (e)重建的J_y

图 20.2 电流密度矢量的直接重建结果

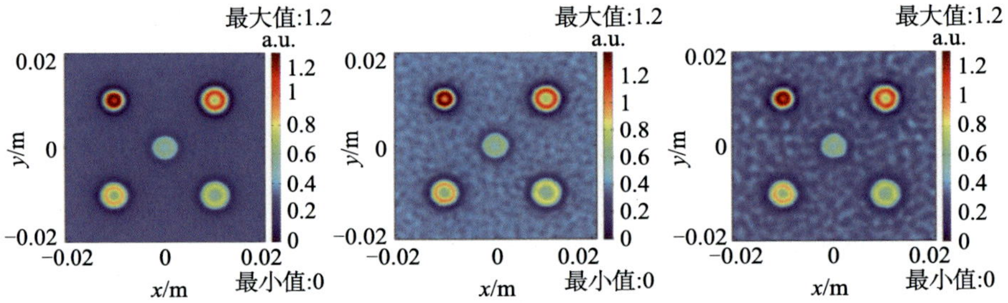

（a）SNR=100 （b）SNR=20 （c）SNR=2

图 20.3 不同信噪比下压缩感知重建的分布源(电流密度旋度)

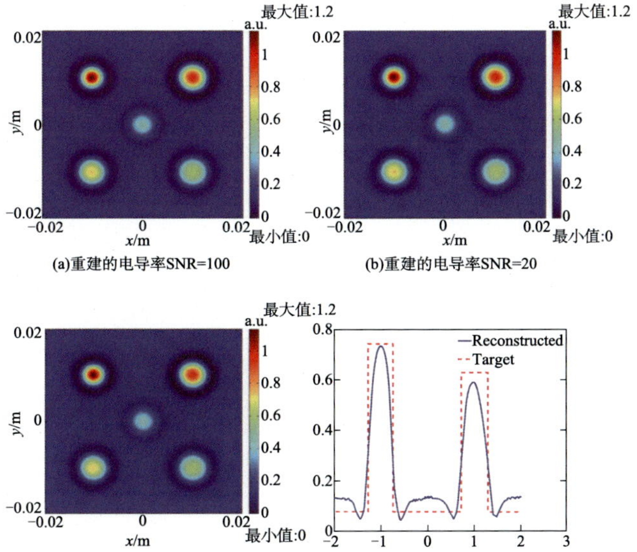

(a)重建的电导率SNR=100　(b)重建的电导率SNR=20

(c)重建的电导率SNR=2　(d)重建电导率与原始电导率对比图

图 20.4　不同信噪比下重建的电导率对比图

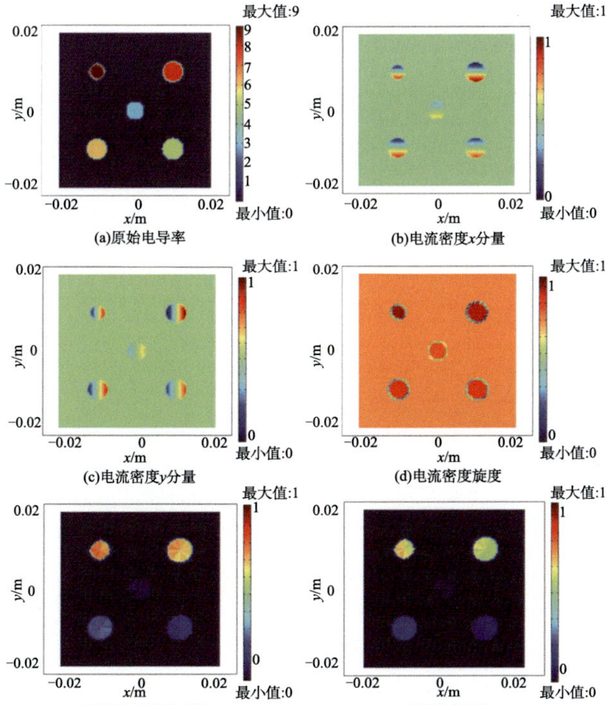

(a)原始电导率　(b)电流密度x分量

(c)电流密度y分量　(d)电流密度旋度

(e)重建电导率的对数　(f)重建电导率

图 20.6　对数法反演电导率的重建结果

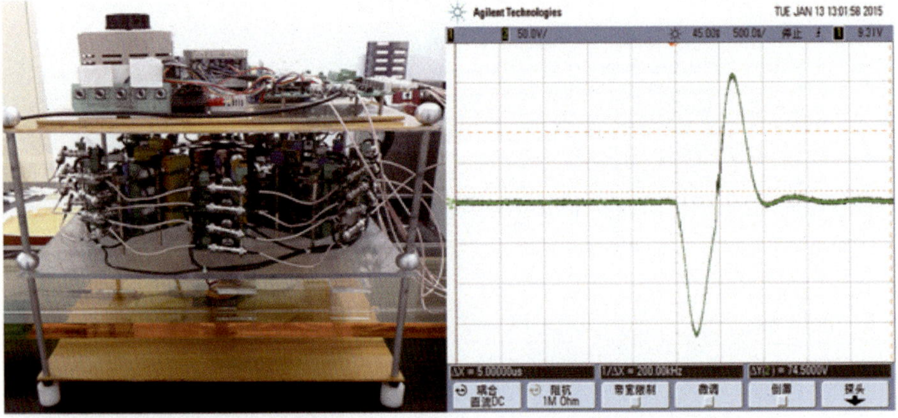

(a) 32 路串并联系统实物图　　　　(b) 线圈上测量的电压波形

图 21.15　实物图和感应电压

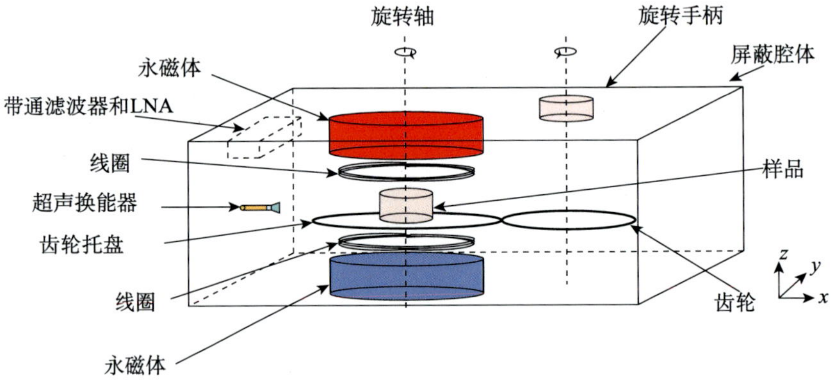

图 21.16　屏蔽腔结构示意图

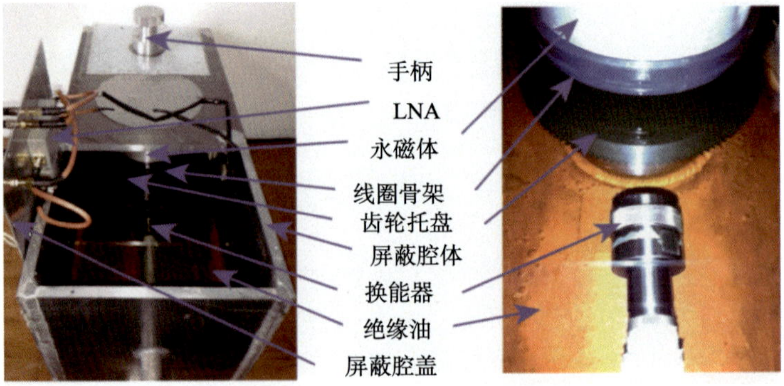

图 21.17　屏蔽腔实物图